Mastering the Sciences

从**日常科学**到**超次元探索**的不可思议之旅

著名科普作家
李 逆 熵

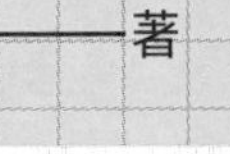

海峡出版发行集团 | 福建科学技术出版社
THE STRAITS PUBLISHING & DISTRIBUTING GROUP | FUJIAN SCIENCE & TECHNOLOGY PUBLISHING HOUSE

著作权合同登记号：图字 13-2019-012
作者：李逆熵

图书在版编目 (CIP) 数据

论尽科学：从日常科学到超次元探索的不可思议之旅 / 李逆熵著 .—福州：福建科学技术出版社，2019.8（2020. 6 重印）
ISBN 978-7-5335-5884-0

Ⅰ . ①论… Ⅱ . ①李… Ⅲ . ①自然科学－青少年读物 Ⅳ . ① N49

中国版本图书馆 CIP 数据核字（2019）第 071674 号

书　　名　论尽科学　从日常科学到超次元探索的不可思议之旅
著　　者　李逆熵
出版发行　福建科学技术出版社
社　　址　福州市东水路76号（邮编350001）
网　　址　www.fjstp.com
经　　销　福建新华发行（集团）有限责任公司
印　　刷　福州万紫千红印刷有限公司
开　　本　889毫米 × 1194毫米　1 / 32
印　　张　5.75
图　　文　184码
版　　次　2019年8月第1版
印　　次　2020年6月第2次印刷
书　　号　ISBN　978-7-5335-5884-0
定　　价　25.00元

总序

“论尽”照字面理解是“把一件事讨论透彻”的意思，但对于作为广东人的笔者，口语中的“论尽”更多被解释成“笨手笨脚”。

笔者自认属于笨手笨脚一族，而多年来进行科学普及，亦常有“把有关的科学原理讲解透彻”的强烈冲动。当出版社“格子盒作室”替我把一份简论宇宙和生命的科普文章编辑成书时，我稍微想了一想，便提出了《论尽宇宙》这个富于玩味的名称。

由于《论尽宇宙》广受欢迎，我和出版社很快即再接再厉，出版了《论尽科学》这本科普文集，而这两本书都分别于 2018 年及 2019 年入选“香港中学生好书龙虎榜”。

接下来的，是集中探讨“星际航行”的《论尽星航》、教大家如何欣赏和创作科幻小说的《论尽科幻》以及计划中的《论尽哲学》和《论尽世局》等。

承蒙福建科学技术出版社的赏识和支持，为上述头三本作品《论尽宇宙》《论尽科学》《论尽星航》以简体字重新编辑和出版，让它们可以跟内地的广大读者见面，谨在此致以我衷心的谢意。从一百年前要努力把“德先生”和“赛先生”迎接到中国，到后来提出的“科教兴国”的呼吁，培养科学素养和民主精神仍然是我国必须致力的方向。除了带来阅读的乐趣之外，笔者谨愿这几本小书亦能在这方面发挥到一点微薄的作用。

希望《论尽宇宙》《论尽科学》《论尽星航》这三本趣味性与知识性并存的作品能激发内地读者朋友对科学的兴趣，并加入科学探索之旅。至于余下的《论尽科幻》和《论尽哲学》等作品也希望很快能与内地的读者朋友见面。

李逆熵

【写在前面】

论尽“真、善、美”

任何真正热爱科幻的人，都必然熟知科幻大师阿西莫夫(Isaac Asimov)所提出的“机器人学三定律”(Three Laws of Robotics)——

(1)机器人不得伤害人类，或袖手旁观让人类受到伤害。

(2)除非违反第一定律，机器人必须服从人类给予的任何命令。

(3)除非违反第一或第二定律，机器人必须尽力保护自己。

笔者于中学二年级阅读大师的《我，机器人》(*I, Robot*)故事集时，首次得悉这三条“定律”(严格来说是守则)。虽然事隔四十多年，兴奋和澎湃的心情至今难忘。我清楚记得，我即时把它们(当然是英文原版)抄写在我的日记簿中。但事实证明，我的抄写是多余的，因为这么多年来，这三大守则就像“床前明月光”这首唐诗一样，深入脑海得可说连做梦也背得出来。

资深科幻迷当然知道，阿西莫夫乃于1942年的一个短篇故事《环舞》(*Run around*)之中，首次明确地列出这些守则。但他在之前的数个故事里，实已流露出类似的构想。按照他本人的回忆，有关的构想，是他于1940年与著名的科幻杂志编辑约翰·坎贝尔（John Campbell）交谈时受到启发所获得的。

阿西莫夫本人曾经解释，他之所以建立这些守则，是有感于当时无数有关机器人的故事，皆不断重复“机器人变得越来越聪明强大，最后反过来加害于它的创造者（即人类）”这种陈腔滥调。他认为机器人既由人所创造，人类自然不会愚蠢得让这样的事情发生。当然，他的立论借助了一个并无科学根据的假设，就是高智能机器人的“正电子大脑”（positronic brain）必须包含这三条守则，否则大脑无法运作。

你的第一个反应可能是：按照这三大守则，机器人永远也不会起来造反，那还有什么有趣的故事可写呢？

哈！你这样想便大错特错了！阅读过阿西莫夫的作品之后，你便会由衷地佩服，他竟能在这些前提之下，创作出这么多精彩绝伦的故事。

其实，除了第二守则外，各位不难看出，三大守则何止适用于机器人，它们不也正是古哲先贤提出的金科玉律吗？（阿西莫夫晚年加上的“零守则”（The Zeroth Law）则更牵涉深层的道德考虑，惟因篇幅关系只能按下不表。）

笔者自幼便热衷于寻找一切道德的起始点。西方的“黄金法则”（Golden Rule）是“你想别人怎样对你，你便应该怎样对待别人。”（Do unto others as you would have them do unto you.）但所谓“一人的美食可能是别人的毒药”，因此，这一黄金法则很有可能被滥用。相比起来，孔子的“己所不欲勿施于人”是较为稳妥的守则。

但“己所不欲勿施于人”毕竟太过保守了，之后之所以有孟子的“乍见孺子将入于井，不一引手救？”的“恻隐之心”以至“良知”和“义”的补充观念。当然孔子也说过“君子之于天下，无适也，无莫也，义之与比”，那便是君子行事只看它是否合乎于“义”，其他的不必多加考虑。

于是我们便回到了问题的起始点——道德所涉及的是“应做”与“不应做”的事。那么什么才应做？答案是合乎“义”的、合乎“良知”的。但什么是“义”？什么是“良知”？当然就是应该做的东西。即使还在念小学的我，已隐隐看出这是一种“同义反复”(tautology)或是“循环论证”(circular argument)(那时当然不懂这些专有名词)，真正的答案似乎仍然遥远。

升上中学后，接触到哲学家罗素(Bertrand Russell)的书。除了他毫不妥协的批判和求真精神外，令我印象最为深刻的，是他道出了一生中三项最大的推动力——

(1)对知识的热切追求；

(2)对爱情的热切追求；

(3)对人世苦难的巨大不忍之情(亦即对“善”的追求)。

不用说笔者对三点都很有共鸣。但就建构道德基础而言，启发最大的，无疑是第三点。

经过反复的思索，以及总结了笔者多年的人生体会，我大概于“四十而不惑”之年，提出了以下的“人类学三大守则”(The Three Laws of Humanics)——

(1)减众生苦；

(2)律一不违，添众生乐；

(3)律一、二不违，随心所欲。

大胆一点说，“己所不欲勿施于人”是一个最起码的基础；

而上述三律，则是基础上的进一步建构。

我当然知道三律知易行难，而且彼此间不无矛盾之处（读过阿西莫夫的机器人故事的朋友，当然知道机器人三大守则之间亦存在诸多矛盾）。但我仍然觉得，它们拥有珍贵的指导和判辨的价值。

但怎样才能最有效地“减众生苦”（例如消减疾病带来的痛苦）？又怎样不违反“律一”而“添众生乐”？以及怎样可以“随心所欲”而又不违反“律一”和“律二”呢？显然，要实践“人类学三大守则”，要求我们有高超的智慧。

我们也许都知道，“数据”（data）不等于“信息”（information），“信息”不等于“知识”（knowledge），而“知识”更不等于“智慧”（wisdom），但我们必须弄清楚“充分条件”（sufficient condition）与“必要条件”（necessary condition）之间的分别。从“必要条件”的角度看，“智慧”必须基于正确的取舍，正确的取舍必须基于正确的判断，而正确的判断又必须基于正确的认识，正确的认识只能来自理性的分析和科学的实践。

也就是说，科学的探求与“减众生苦，添众生乐”的目标是密不可分的，对“真”的追求及对“善”的追求在最高的层次已经合而为一。

此外，同样的关系亦存在于“真”和“美”之间。英国诗人济慈（Y. B. Yeats）曾经深刻地指出，“美就是真，真就是美。”

不错，大家手上的是一本“科普”读物，但大家千万不要看轻“科普”（即所谓“妄自菲薄”），因为它和人类对“真、善、美”的追求息息相关！

目 录

第 1 部 日常生活中的科学，你认识吗?

生活发明篇

生存知识篇

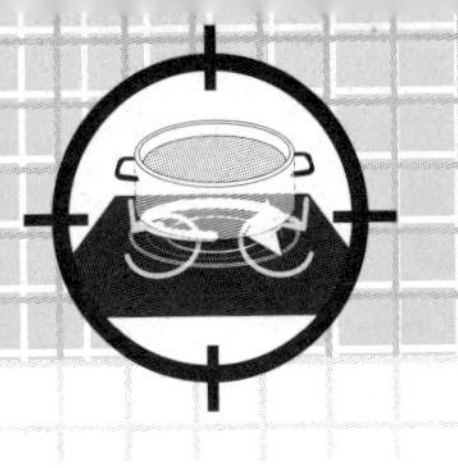

第 2 部　上天至下地的科学发现，你又知道吗?

地球认知篇

宇宙探索篇

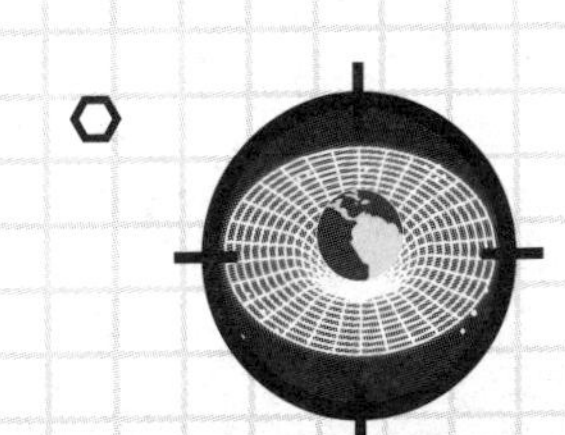

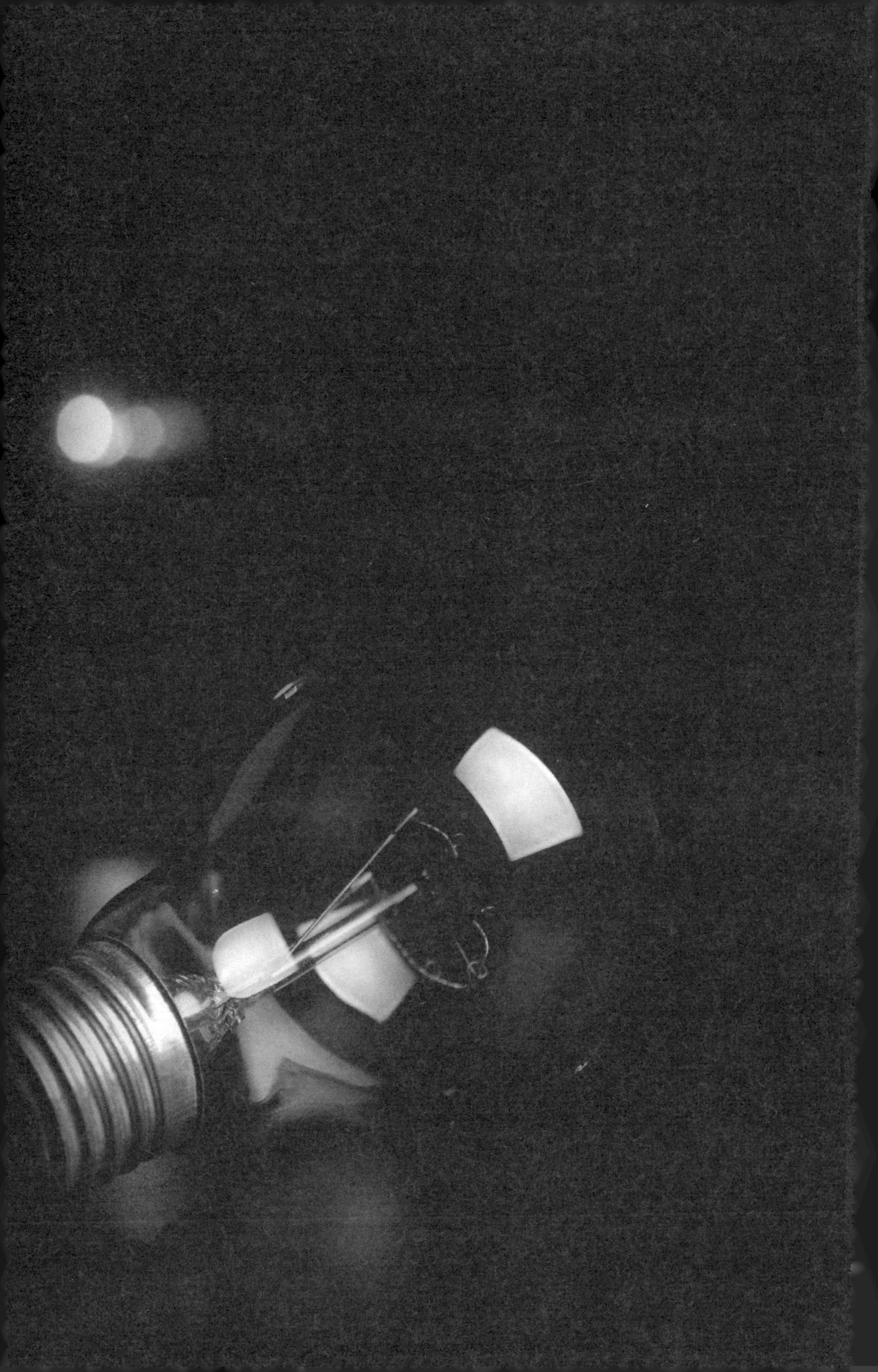

第 1 部

日常生活中的科学，你认识吗？

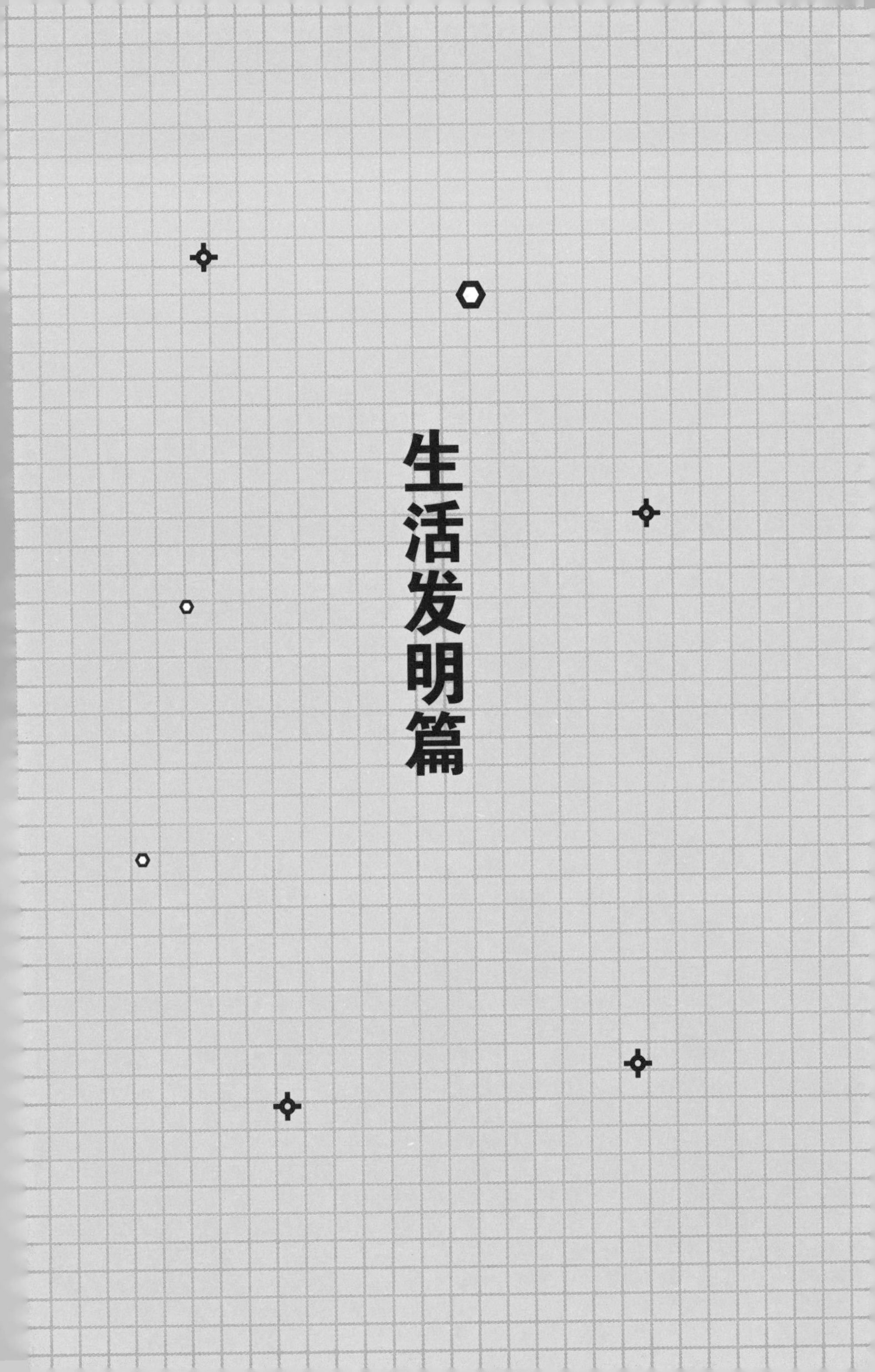

生活发明篇

金石为开
——生活日常用品的制造材料，你认识多少？（上）

大家有没有想过，我们今天最常接触的材料当中，绝大部分都是人类进化历史上很晚很晚才出现的呢？

好！现在就让我们对人类用过的材料作一番扼要的回顾吧。

原始人类的日常应用工具材料

人类的祖先与黑猩猩和大猩猩的祖先，至少在七百万年前便已分家。在最初的数百万年，我们祖先懂得使用的“材料”寥寥无几，大概只有石头和树枝。二百多万年前，非洲的一些猿人开始懂得将石头加工而变成各种石器工具（如石斧），又由最初只会用树枝进展到应用木材来制造日常用具。除此之外，兽骨和兽皮亦开始被古人类所利用。

另一种原始材料无疑是泥土，而自从人类懂得用火之后，便开始懂得烤焙合适的黏土，以制成各种陶瓷器皿和砖头。

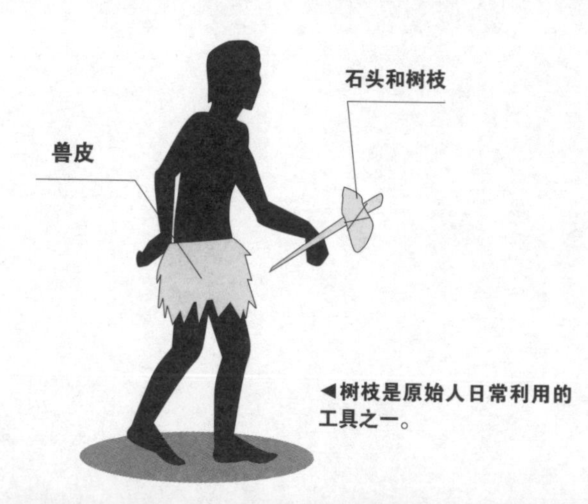

◀树枝是原始人日常利用的工具之一。

由石器时代进入青铜器时代

人类使用金属的时间，只有六千年左右。最初用的是较易被发现和提炼的“铜”（copper），发源地是古代美索不达米亚（Mesopotamia）的“苏美尔文明”（Sumerian civilization）区域，亦即今天伊拉克等中东地区。

之后，人们懂得在铜之中加进“锡”（tin）而令它变成更为坚固的“青铜”（bronze），人类于是从“石器时代”（Stone Age）进入了“青铜器时代”（Bronze Age）。中国进入青铜器时代，是四千多年前的殷商时期。

铁的发现

“铁”（iron）的发现和使用，其实比铜晚不了多少，但由于从矿石中提炼铁的温度要比铜所需要的高出很多，所以铁的广泛使用，要有待依赖“鼓风技术”来提升温度的“高炉”（blast furnace）的发明，才得以普及。

在中国，“铁器时代”（Iron Age）约始于距今三千年的春秋（东周）时期。之后，铁既用于兵器，亦用于生产（如农耕用的犁）；而铜则只用于器皿和装饰。一些研究显示，人类最早用的铁，很可能是从太空掉下来、无须高温提炼的“陨铁”。

不锈钢的诞生

铁比铜坚固，在地层中的含量也较丰富，显然是更好的材料。但它有一个重大缺点，就是容易与空气中的氧气结合，从而生锈损毁。然而，人们通过实践发现，如果在锻炼期间，能够令铁与少量的其他物质结合，便可以获得较有耐锈能力的“钢”（steel）。这些少量物质包括“碳”（carbon）、“锰”（manganese）、“铬”（chromium）、“钒”（vanadium）和“钨”（tungsten）等。

钢不单耐锈，也比铁更坚韧。古代的一些“宝剑”，其实就是通过高超的冶炼技术制造而成的钢剑。

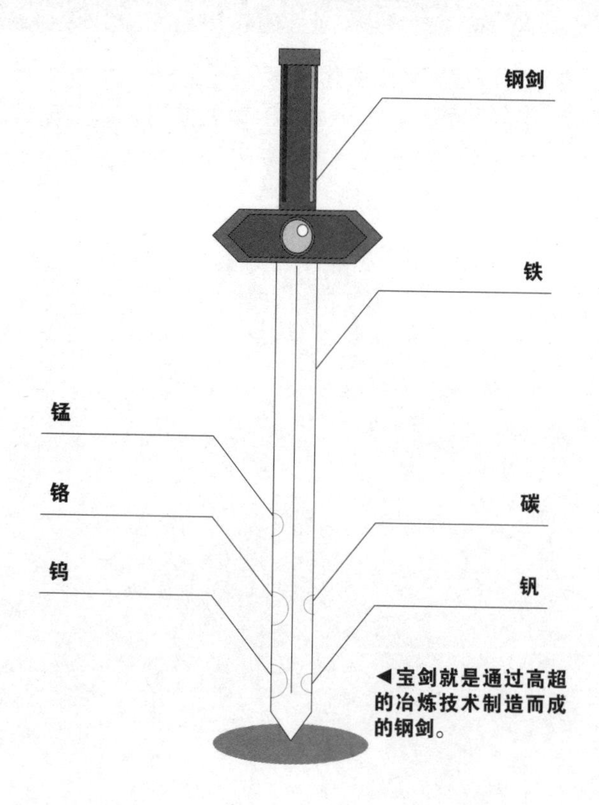

◀宝剑就是通过高超的冶炼技术制造而成的钢剑。

玻璃的发现

在古代所用的材料中，最有趣的无疑是透明的玻璃了。人类最早用的玻璃，应是火山爆发时，因熔岩被抛到半空，受到迅速冷却令晶体结构没有足够时间成长定形的“黑曜石”(obsidian)。这种自然产生的玻璃，很早便被古人类用作切割的工具。这些玻璃的主要成分，是地壳中最普遍的“二氧化硅”(silicon dioxide)，也就是沙滩里沙粒的主要成分。

至于由人类最先制造的玻璃，应是在冶炼金属时，无意中把沙粒熔化而产生的。但因为玻璃易碎，早期的生产主要用于装饰。较大规模的生产（特别是用于窗户），要待欧洲的中世纪时期，大量的彩色玻璃用于教堂建造才开始的。

◀欧洲的中世纪时期，教堂的建造用上大量的彩色玻璃，令玻璃开始有了大规模的生产。

“纸”于至善
——生活日常用品的制造材料，你认识多少？（中）

就文明的初期演进而言，上篇文章谈到的材料中，以金属的重要性为最高，而玻璃则最低。然而，在文明社会之中，有一种貌不惊人的材料，它在自然界并不存在，全凭人类的智慧创造所发明，它的重要性可说与金属不遑多让，甚至犹有过之。大家可知它是什么？

促进人类文明的造纸术

不用再猜了，在人类所使用的各种材料中，对文明起着最大促进作用的，无疑是中国东汉时，由蔡伦所发明的“纸”。

在这之前，世界各地也曾出现过不同的书写用材料。但无论是古埃及的“莎草纸”（papyrus）、中国古代的竹简、古代欧洲的羊皮等，都分别因为易于腐烂、过于笨重，以及太过昂贵等原因而无法普及。

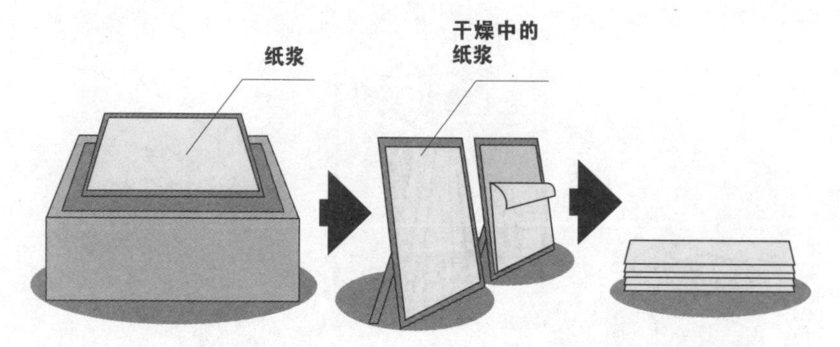

▲ 中国东汉时代蔡伦（63—121年）发明了造纸术。

纸张的出现和造纸技术的传播（当然还加上日后印刷术的发展），令书籍这种知识记载工具能够真正得以普及，从而大大加速了人类文明的进展！

随着电影、电视和电脑的发展，人们多次预言纸本书籍将会被淘汰，但预言到目前也没有成真。今天，互联网发展神速，传统的报纸和杂志的确受到很大的威胁。但我们若是前往一些较大的书店逛逛，可以看到纸本书籍的出版不但没有减少，反而有愈来愈蓬勃的趋势。究竟日渐流行的电子书是否能够完全取代纸本书籍，迄今还是一个未知数。

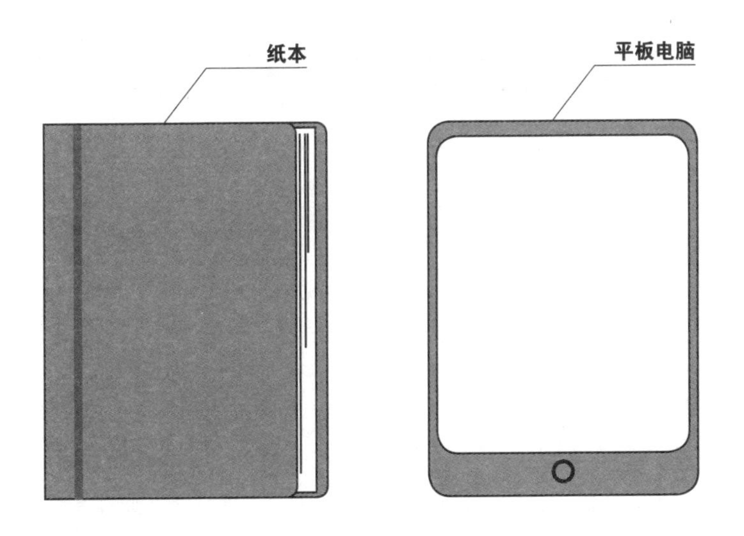

▲ **纸本书和电子书，各有特色和优点，而到目前为止，电子书似乎还未可完全取代纸本书的地位。**

塑料世界
——生活日常用品的制造材料，你认识多少？（下）

我们在上两篇已讨论过木、石、陶瓷、金属、玻璃、纸等材料，它们最古老的已有数百万年历史，而就是最晚的，也有过千年的历史。但大家有没有想过，我们今天最常接触的一种材料，它的历史距今还不足一百年呢，你可猜到它是什么？

化学合成材料的发明

不错！这种材料便是现代文明几乎无处不在的“塑料”。

从化学构成的角度看，所谓“塑料”（plastic）其实是一个十分庞大而多样的物质家族，它的正式名称是“有机高分子聚合物”（organic polymer），包括我们最常接触的“聚乙烯”（polyethylene）、“聚丙烯”（polypropylene）和“聚苯乙烯”（polystyrene）等。这些物质基本上不存在于自然界之中，必须由人类通过化学转化和合成的方法制造出来（主要的原材料是石油）。塑料可说是第一种真正完全由人类所发明的材料。

塑料应用的好处

塑料成为我们日常生活的一部分，还只是上世纪第一次世界大战以后的事情。顾名思义，塑料的最大特性便是它的可塑性，也就是说，可以通过“倒模”（moulding）而被制成任何形状。

塑料拥有多方面的优点，例如：在化学上的惰性（即不容易和其他物质发生化学反应）、价格便宜、几乎可被赋予任何颜色，也可被赋予不同特性（如不同的弹性、坚固程度、耐热程度）等，基于上述多方面的便利，塑料很快便成为构成现代文明不可或缺的一部分。

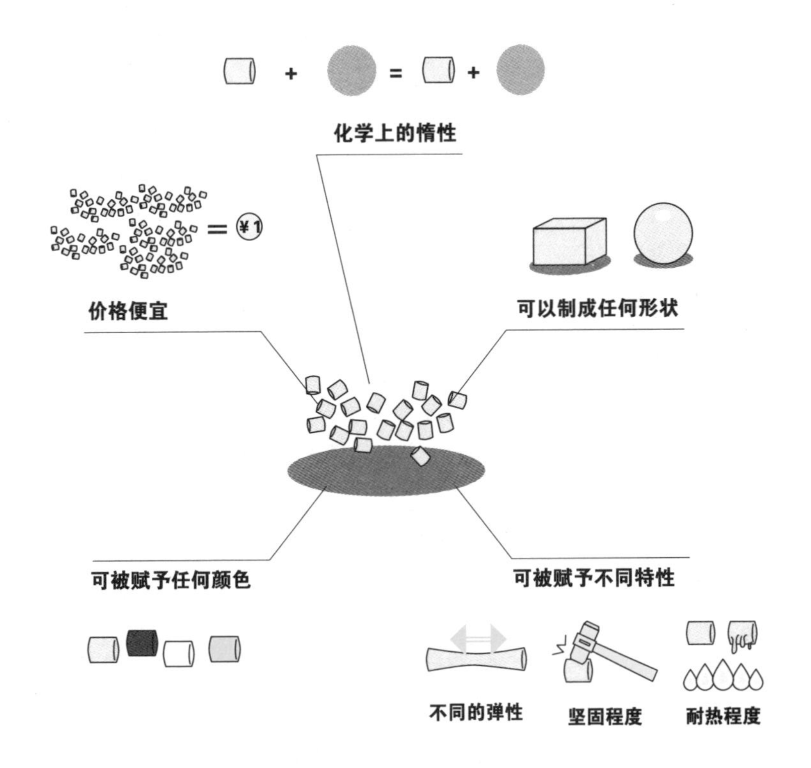

塑料带来的弊害

然而，世事总是充满着矛盾。塑料在化学上的惰性既是它的优点，却也是它的最大缺点！

为什么这么说呢？原来正因为它不会跟其他物质发生化学反应，当它被弃置到自然环境之中时，不会像大部分天然物质一般受到风化或细菌的分解作用而“回归自然”。结果是，过去一百年来人类大量制造出来的塑料物品，不断在自然环境里积累而造成了严重的污染。

不少的塑料更被弃置于海洋而随着洋流漂越万里。在一些远离大陆的海岛上，有科学家竟在海鸟和鱼类的胃里，找到不少被它们误以为是食物而被吞进肚里的塑料物品！

针对塑料的使用泛滥成灾，外国一些环保团体正呼吁人们多恢复使用“生物可降解”（biodegradable）的天然材料。此外，世界各地的政府亦开始尽量限制塑料袋的使用（如香港征收的“塑料袋税”）。一些环保团体则发起了一个名叫“Kick the Bottle”的运动，就是呼吁我们外出时尽量自备水瓶，而拒绝使用只是用来装载清水的即用即弃塑料瓶子。（可悲的是，使用这种瓶装清水的风气却愈来愈烈……）

塑料还带来了另一个问题，就是在遇到火灾而被猛烈燃烧时，会释放出对人体有害的有毒物质！

凡事往往有利亦有弊，我们应该怎样善用塑料而尽量降低它带来的坏处，这可是对我们人类智慧的一项挑战！

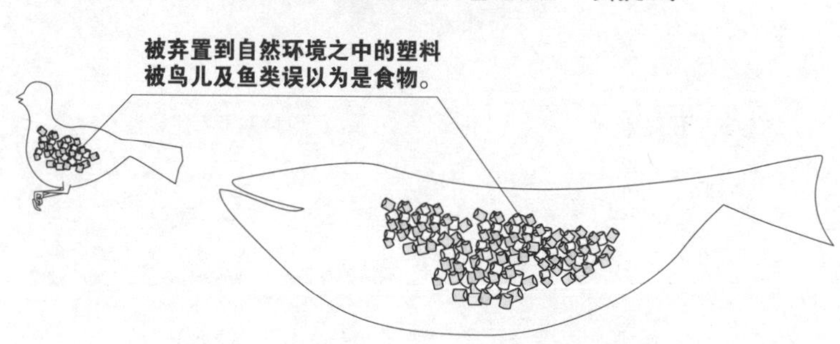

一起打怪"锈"

——如何克服钢铁的"死穴"?

前文提到人类在文明的进程中所使用的各种材料，而每种材料的发明和变通应用，相信都会经历着不断优化的过程吧！本篇会再深入讨论自从人类进入"金属时代"(Metallic Age)以来，一场"打怪锈"的战争！

大家当然知道笔者只是拿"怪兽"和"怪锈"的谐音来开玩笑。但人类对"锈蚀"的持久战争，却是十足认真而不是闹着玩的！

由石器时代进入铁器时代的历程

一万二千年前左右的农业革命是人类的文明之始，但之后超过一半的时间，人类仍然只是处于使用木石棍棒的"新石器时代"(Neolithic Age)。大概到了五六千年前，人类才开始懂得冶炼和运用金属。而最初使用的金属是"铜"(copper)。后来人们懂得加进"锡"(tin)而制造出坚硬得多的"青铜"(bronze)。"铜器时代"(Bronze Age)的来临，令人类的文明提升到一个崭新的水平。

但"金属时代"达到高峰，还有待"铁"(iron)的出现。由于铁较青铜更为坚硬，而且在地层中的含量也丰富得多，所以它很快便成为各种工具(包括武器)的制造材料。而在与水泥(cement)的结合之下，更成为了近、现代建筑物的基本建材(就是人们俗称的"钢筋水泥")。

“怪锈”如何形成？

自三千多年前“铁器时代”（Iron Age）开始以来，铁是人类用得最多的金属。但从一开始，人们即发现铁有一个“死穴”，那便是会“生锈”（rust），而这种“锈蚀”（rusting）的现象，会令原本坚固的材料变得脆弱，然后层层碎裂剥落，最后成为粉尘。

为什么铁会生锈？人们又进一步发现，这种可怕的现象，原来跟空气和水分的影响有关。

在水分的影响下，铁会跟空气中的氧气产生“氧化作用”（oxidation），形成带有水分子的“氧化铁”。这种含水分子的氧化铁是一种十分脆弱的东西，而当它破碎剥落后，会暴露出下面未被氧化的部分，使其受到氧化。就是这样，层层深入的氧化过程，最终将铁侵蚀殆尽。

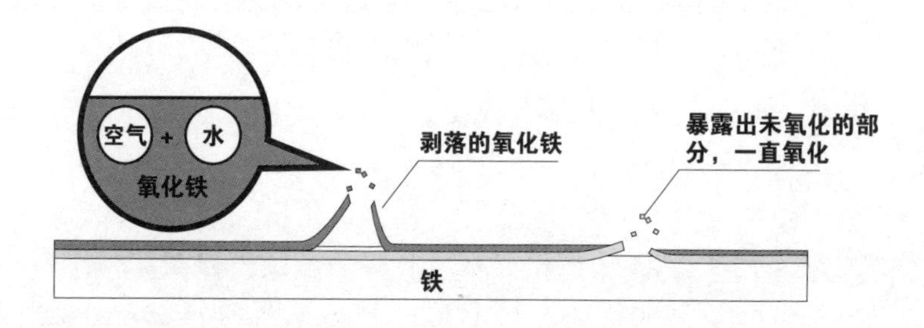

其实铜（以及其他金属，如锡、铝、银等）也会氧化，只是它们的氧化物（铜锈、锡锈等）质地坚固而不似氧化铁一般脆弱，它们一旦形成，会在金属表面形成一道保护膜，令下面的金属不会一直氧化下去。当然时间久了，这种锈蚀仍是会令金属出现一定程度的损耗。

让我们回到氧化铁这头“怪锈”之上。

对付“怪锈”的方法

即使在古代，一些精明的铁匠已经发现，如果在铸铁期间加入一点儿“碳”（carbon），会大大提升铁的坚韧度而得出“钢”（steel），而古代的所谓“宝剑”，就是制作得越来越出色的“钢剑”。

然而，即使钢也是会生锈的。为了保护这些钢铁，人们尝试用不同的材料涂在其表面，以阻止它们和空气及水分接触。大家所熟悉的“油漆”（oil paint）就是这样的一种材料。但在日晒雨淋、热胀冷缩的煎熬下，油漆也会老化剥落，所以对于铁造的建筑物（如埃菲尔铁塔和金门大桥等），每隔一段时间便要重新刷上油漆。不用说，这种保养所费不菲。

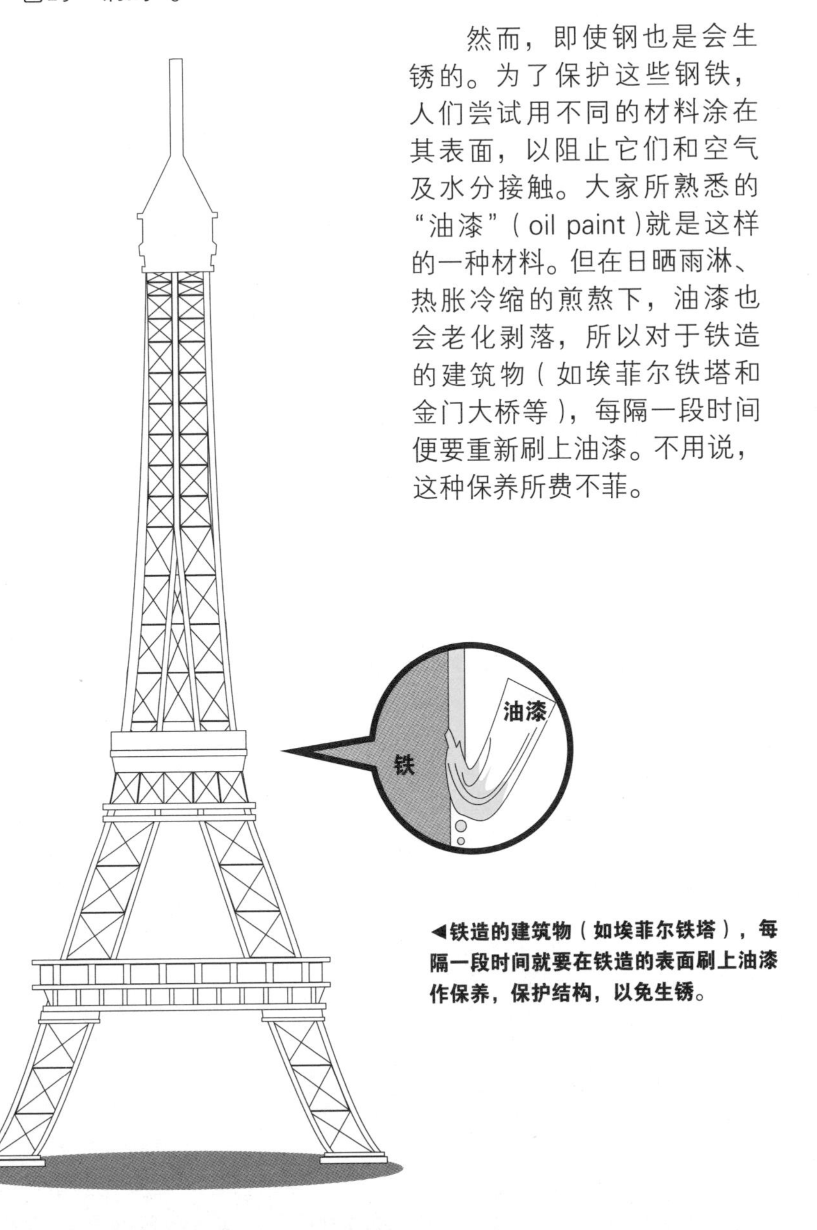

◀铁造的建筑物（如埃菲尔铁塔），每隔一段时间就要在铁造的表面刷上油漆作保养，保护结构，以免生锈。

人类对抗铁锈的一项重大突破，来自一名法国的冶炼专家贝尔蒂埃（Pierre Berthier）。他于1821年发现，如果我们冶炼时加进“铬”（chromium）这种金属，由此得到的钢便可以抵抗锈蚀而历久常新。1912年，“不锈钢”（stainless steel）就这样诞生了！（后来又发现如果再加进其他金属如“镍”“钨”“锰”等，会产生具有不同特性的钢。）

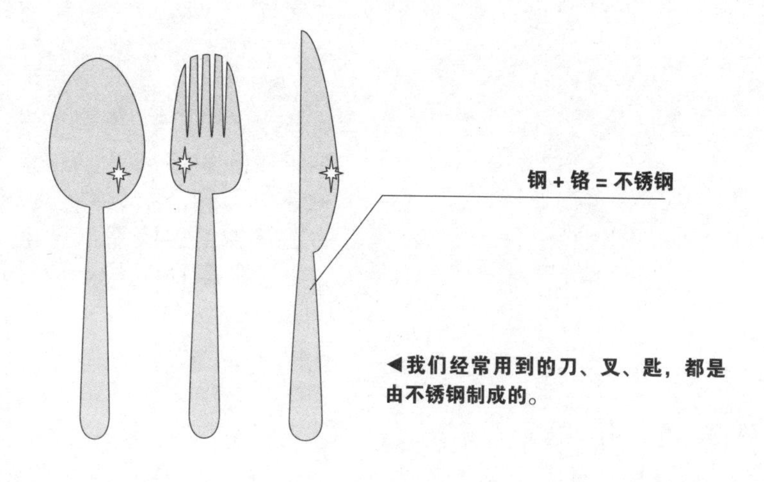

◀我们经常用到的刀、叉、匙，都是由不锈钢制成的。

至此，我们终于战胜这头“怪锈”了！——你可能会想。

可惜事情没有这么简单。原因在于铬是一种昂贵的金属，不可能大量用于建筑材料之中。这正是为什么我们最常见的不锈钢，都只是刀、叉、匙和一些小型的煮食器皿。人类在“怪锈”面前，还需要发明一种更便宜的对抗方法。

正在念理科的同学们，这可是一个让你们展现才华和作出重大贡献的努力方向呀！

告别茹毛饮血
——煮食的进化（上）

按照古人类学家的研究，人类的远祖跟猿类的远祖在进化上分道扬镳，至今起码已有七百万年的历史。在这段漫长的历史里，虽然我们的祖先经历了直立行走（bipedalism）、双手释放（及拇指可跟其余手指相互配合）、脑容量大幅增加、工具的制造和改良、体毛的大量丧失等重大转变，但直至数十万年前，他们却仍有一种习性与今天的我们不大一样，那便是进食时“茹毛饮血”。

作为一种极其“杂食”（omnivorous），甚至“嗜肉”（carnivorous）的猿类，在漫长的进化历程中，人类祖先在进食其他动物时，都与狮、虎、豹、狼等一样将猎物“生吞活剥”（他们基本上会将猎物杀掉才这样做；不是因为仁慈，而是为了进食时方便）——直至他们懂得用火。

吃的艺术由火起源

火的使用，至少已有五十万年历史，而它的出现，即令人类与地球上的其他生物明显地区分，其划时代的意义，较石器工具的制造可谓犹有过之。

火，可以带来温暖、驱赶黑暗和猛兽，及后更用于熔化矿石中的金属，令人类进入金属时代。而本篇我们有兴趣的，则在于它大大改变了人类的饮食习惯。

火令人类脱离茹毛饮血而进入熟食的时代。它一方面令我们可以更好地吸收食物中的某些养分，另一方面则令我们的牙齿因而不断变小。不用说，今天充斥电视的饮食节目，大多都是教人们如何对食物进行加热烹调（虽然还是有谈及“生吃”的话题，例如刺身和沙拉。）

▲火的使用大大改变了人类的饮食习惯。

煮食的进化

以往无论是烧、炒、煎、炸、蒸、焖、炖中的哪种，烹调的热力都来自火焰（所谓“明火”）。而生火的燃料，可以是柴薪、煤炭、燃油（包括酒精）或是天然气（即成分主要为“甲烷”的“煤气”）。但自从人类百多年前进入电气时代，我们终于有了一个不用明火的煮食方法，那便是电热炉（electric stove）的使用。

大家如果曾经在外国（如英、美、澳、加等地）居住，便知道电热煮食已是主流，而要在家中安装一个煤气灶，乃是有点麻烦的事情。不过中国人要求烹调时火力够猛，所以即使麻烦也往往要安装。（除了炉头，焗炉也有电热和煤气之分，但由于这主要是西式煮法，中国人多数不会计较。）

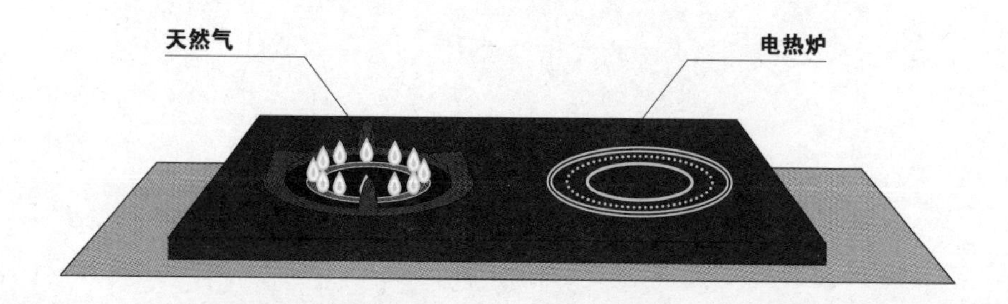

微波炉的发明

煮食方法的另一突破，无疑是第二次世界大战后发明的“微波炉”(microwave oven)。这种加热食物用的电器的发明，实有赖二战之时，英国为要在黑夜对抗德军的空袭而发明的“雷达”(radar)。科学家发现，除了侦测飞机外，原来只要把雷达电波的频率提升（等于波长减小），便可令带有水分的食物加热甚至煮熟。就是这样，人们首次发明了无须火力的煮食方法。

微波炉之所以能够煮食，是因为它所产生的微波波长为12.2 厘米，而这种波长的辐射能量，刚好会被水分子（及部分脂肪和糖）强烈吸收，结果是水分子被激发产生高温，从而令食物被加热煮熟。

要注意的是，一方面这种像魔术般的加热方法是煮食科技的一大革命，可是另一方面，由于它不容易达到烤炙煎炸的香脆效果，所以始终没有受到喜爱烹饪人士的欢迎。今天，微波炉大多用于加热而非真正的烹调。

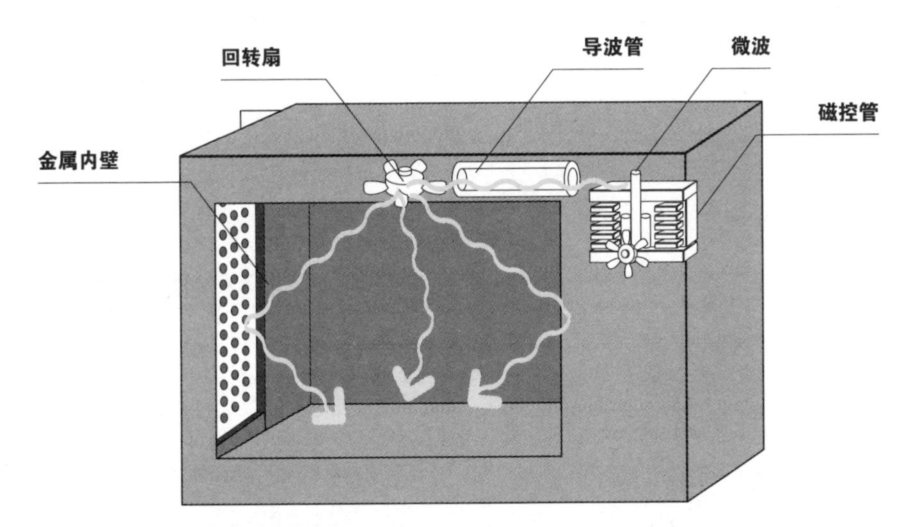

▲含水或脂肪的食物会吸收微波的能量而发热。注意放进微波盛载食物的器皿，必须是微波可穿透的玻璃、陶瓷或塑料，而不可用金属物体（如铁、铝、不锈钢、锡箔纸），因为金属会隔绝与反射大部分的微波而使其无法发挥作用。

电磁炉革命
——煮食的进化（下）

大家可能没有想过，煮食的背后原来有这么多科学原理。除了上一篇介绍的微波炉外，过去十多年，悄然兴起的，还有“电磁炉煮食”（induction cooking）的发明。

假如大家喜爱吃火锅的话，近年来应该留意到，不少酒楼已经改用了没有明火的电磁炉。当然，你家里可能也正在使用这种煮食炉。科学的进步让人类不需用火也可煮食，但你有没有思考过这种煮食新科技背后的原理呢？

电磁感应原理

说是“新科技”其实不完全正确，因为这种利用“电磁感应原理”（electromagnetic induction）来生热的技术实已有数十年的历史，只是近十多年因技术进步令成本下降，致使这种煮食电器变得愈来愈普及。

“电磁感应加热”（induction heating）背后的原理，源于一种基本物理现象——“电动磁生、磁动电生”。

磁石与电流的共生

在古代，人们对“磁石”（magnet）的奇妙特性已有所认知，中国更以此发明了最早的指南针。另一方面，人们亦知道事物间的摩擦可以产生静电（static electricity）。然而，虽然古人对电鳗的震击和闪电的可怕有深刻的感受，但对于大规模“电荷”（electric charge）流动所产生的“电流”（electric current）现象，则要到17世纪后才有所掌握。而将前人的实验总结并带上另一台阶的，无疑是英国物理学家法拉第（Michael Faraday）。

法拉第设计的“导电螺旋线圈”（solenoid），能于通电之后在线圈内产生稳定的磁场；相反，如果让导电体在一个稳定的磁场中不停地摆动，则会在导体中产生稳定的电流。这便是“电动磁生、磁动电生”的现象。

感应电流的形成

更为有趣的是，如果我们将两个螺旋线圈并排放在一起，而其间有磁铁贯通，则如果一个线圈中有“交流电”（alternating current）通过，由此所形成的磁场会令旁边的线圈也会产生一个不断变化的磁场，而最后令这个线圈中也出现“电场”（electric field）和电流，我们称这种电流为“感应电流”（induced current）。

以往这个现象主要用于将“电压”（electric voltage）升高或调低的“变压器”（transformer）上，因为假如两个线圈所绕的圈数不同，便会产生不同的电压。在这个手提电脑充斥的年代，大家对充电时必须经过这种变压器应该十分熟悉。

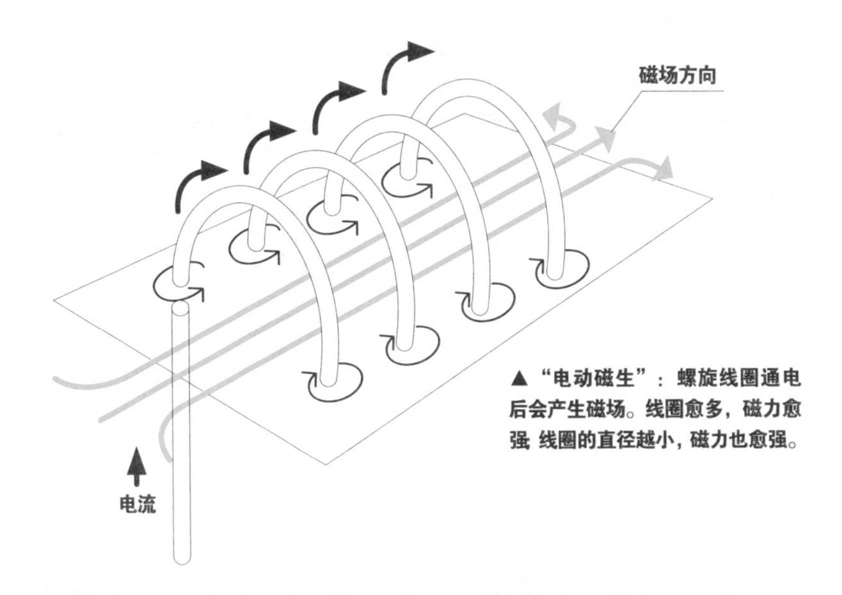

▲“电动磁生”：螺旋线圈通电后会产生磁场。线圈愈多，磁力愈强 线圈的直径越小，磁力也愈强。

当电磁炉遇上金属平底锅

所谓“电磁加热”，其实也是同一原理，只是我们现时的兴趣不在于改变电压，而是令其中一边导体的温度上升。在设计中，电磁炉的顶部虽然由绝缘体所覆盖，但之下却是一个盘旋的铜导管。只要我们用一个平底的带磁铁特性的金属器皿放在其上，那么在通电之后，铜盘便会产生一个频率为20kHz~27kHz（即每秒变动二万至二万七千次）的振荡磁场，而电磁感应作用会令其上的器皿底部也出现交流电场。但由于这个底部的“电阻”（resistance）十分大，这个电场会产生大量的“涡电流”（eddy current）和“磁滞损耗”（hysteresis loss），继而产生大量的热能。器皿中的食物便是如此被烹煮的。

注意须配对使用专用金属器皿

这种煮食方法方便、清洁、安全而又节能，可说是煮食科技的大突破。只是有一点限制是器皿必须带铁磁性（即必须是铁、镍或钴等金属），而铜质、铝质、陶瓷、玻璃等都不能使用。

不过，人类是聪明的，我们看见一些陶瓷器皿宣称也能用于电磁炉之上，你知道为什么吗？就是因为器皿的底部包了厚厚的一块铁片！

制冷的魔术
——热如何能够产生冷?

先考考你:“如何将一杯热奶茶在最短时间内变成一杯冰奶茶?”

哈!这是人们基于生活趣味和幽默感所创作的一条“脑筋急转弯”题。最初的答案是:“加两元!”但今天百物腾贵,不少茶餐厅由热饮改为冷饮的话,已经要加收三元了!

物体降至室温的观察

撇开这道题的幽默笑点,大家有没有认真从一个科学角度想过——我们要怎样做才可令物体的温度下降,直至令它远远降至在室温(room temperature)之下呢?

留意笔者特别强调“在室温之下”这一点,因为只要本身不是发热体,任何物体即使原来的温度很高,但随着热量不断散逸,最后的温度也会降至和周边的环境一样。这时物体与环境已经处于一种“热平衡状态”(thermal equilibrium),因此温度也不会再有变化。

举一个较恐怖的例子——由于人体是发热体,所以生前与环境并不处于热平衡;但死后不久,遗体便会逐步趋向平衡而达至室温。

短暂冷冻方法

降至室温是一回事，要令物体的温度降至低于室温，又是另一回事。在古代，能够接触到冰雪的人类祖先，相信很早便懂得以冰雪来将食物冷藏，当然冷冻要持久的话，就要进行隔热，以大大减慢冰雪融化的速度。显然，这种原始的冷冻技术的应用范围十分有限，而且温度也不能低于冰点。真正的制冷技术，还是有待现代科学兴起之后才出现的。

认识汽化潜热

大家都知道，无论空调还是电冰箱，都需要用电。用电来产生热（如电磁炉、电热水壶）很易理解，但热又怎样可以制造出冷呢? 原来关键之处在于任何液体在受热之后由液态转化为气态期间，会从周边吸走大量热能，这种热能我们称为“汽化潜热”（latent heat of vaporization）（又称“蒸发潜热”）。

先举一个简单例子说明——笔者儿时跟家人回乡探亲，外祖父母在农村的家门前有一张石板凳，夏天日落后，我们出外乘凉之时，会发觉石凳因受到日间的太阳照射，烫得不能坐上去。这时，外婆会用一个斗舀来清水并洒在石板上，然后把石板上的水抹一把，嘿！不出一会，石凳便变得凉快可坐了！你可能会认为，石凳变得凉快是因为水的清凉，但事实却是，即使我们以热水洒向石板然后轻轻抹干，也会得出同样的效果!

这是什么原理呢? 原来关键不在于水的温度（当然这也会有一定的影响），而是在于水在蒸发时会带走大量热能。

电冰箱的发明

早于18世纪，科学家便尝试利用这个原理来“制冷”。他们发现，水在这方面不是最好的液体，例如酒精的挥发便较水吸热更多。回想一下，打针前护士替你用酒精消毒，那时是否会觉得皮肤十分凉快呢？就是这样，科学家测试了一种又一种的“冷凝剂”（coolant），并且发明了愈来愈巧妙的加压减压系统，来令这些冷凝剂循环不断地蒸发、凝结、再蒸发、再凝结……从而将一个密封环境的热量不断抽走，令温度不断向下调，最终达至远远低于水的冰点的结果。要留意的是，被抽走的热量最终要被排放到周边的环境中，所以空调外机会喷热气，而电冰箱的背面也永远是热烘烘的。

制冷技术给人类的生活带来了巨大的转变，例如食物得到冷藏，便可以更长期地储存并被运送到世界各地，这是较少人提及，却是促成全球经济一体化（实质是“分工”）的一个重要环节。

电冰箱已是今天家居不可缺少的电器，而除了居于寒带的人，冷冻空气调节系统（即空调）亦是家居和工作环境中所不可或缺的装置。

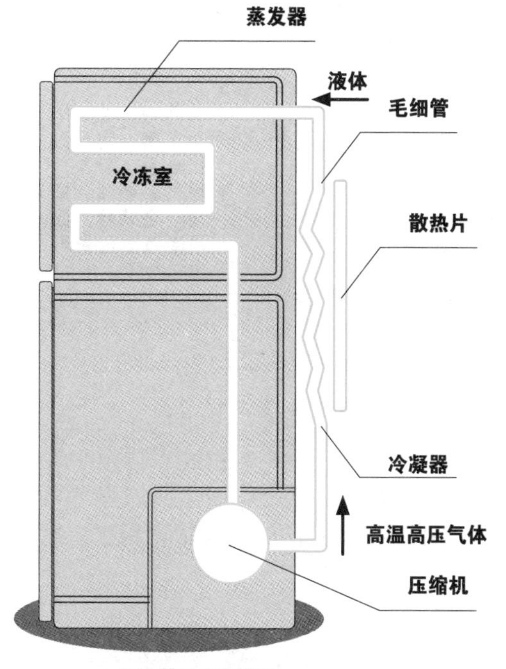

▲电冰箱的内部结构

但凡事有利亦有弊。这种技术提升了人类的生活享受，也同时大大地提升了人类消耗能源的规模。而燃烧大量化石燃料来发电所排放的二氧化碳，形成了“温室效应”，已经造成了“全球暖化”的危机。我们懂得制冷的同时，却令整个地球变得愈来愈热，这不能不说是一个讽刺！

发酵的滋味
——酸奶是如何变酸的?

请大家想想：面包、芝士、酸乳酪、啤酒、威士忌、红茶、腐乳、豉油、蚝油、泡菜等食物，有什么共通之处呢?

表面看来，这些食物（和饮料）好像风马牛不相及，之间哪有什么共通之处呢? 但稍微熟悉生物化学的人会看出——这些食物的生产，都必须通过一个重要的化学过程，这个过程我们称为“发酵”（fermentation）。

◀面包、芝士、酸乳酪、啤酒、威士忌、红茶、腐乳、豉油、蚝油、泡菜等，都是经过发酵而形成的食物。

人类在生活上利用发酵这种作用，少说也有过万年历史，而最先产生的，大概就是啤酒和威士忌这等酒类。世界各地的民族都先后懂得酿酒，虽然得出的酒类各有不同（既因为具体形成的程序不同，亦因为采用的原材料有异），但都利用了“发酵”这种原理。

发酵的过程

按照科学家的推断，发酵这种作用之所以“被发明”，大多来自意外的发现——古时由于采集得来的生果一时间吃不完，居于洞穴的人类祖先遂把多余的生果置于洞穴的某处。假如时间久了而又环境合适，一些被遗忘的生果便可能在腐烂之后出现发酵作用，从而形成最初的酒（例如葡萄形成了红酒）。不用说，自从意外地“制造”了这种奇妙的饮料后，人类便与酒结下了不解之缘。

同样地，一些食品如中国的豉油、腐乳，和外国的乳酪（芝士）和酸乳酪（yogurt）等，最初都可能是意外地被制造的。而很快地，世界各地不少民族都掌握了发酵的技术，并将它不断改进，创造出更多花样的食品来。

发酵的原理

不过，直至 19 世纪中叶，人们都以为发酵仅仅是物质腐坏所出现的一种化学反应。纠正这个观点的人，是著名法国化学家路易斯·巴斯德（Louis Pasteur）。他于 1857 年发表的论文中指出——发酵之所以出现，是因为微生物（microbe）对生物物质所起的分解作用。由于这种作用多在缺氧的情况下出现，所以巴斯德将发酵称为“无氧的呼吸”。

往后的研究却又显示，巴斯德这个分析并不完全正确，因为一些微生物如酵母菌（yeast）即使在有氧的情况下，也可进行“发酵”。一般面包的制造，正是有赖酵母菌发生作用。

发酵化学反应的公式

那么发酵究竟是一种什么反应呢？原来其间涉及的化学反应可以十分复杂（否则也不能做出这么多姿多彩的不同食物），但最基本的反应是“糖酵解”（glycolysis），就是在微生物所分泌的“酵素”（enzyme）作用下，“糖类”（碳水化合物）被转化为醇类（酒精）、二氧化碳和能量的过程。

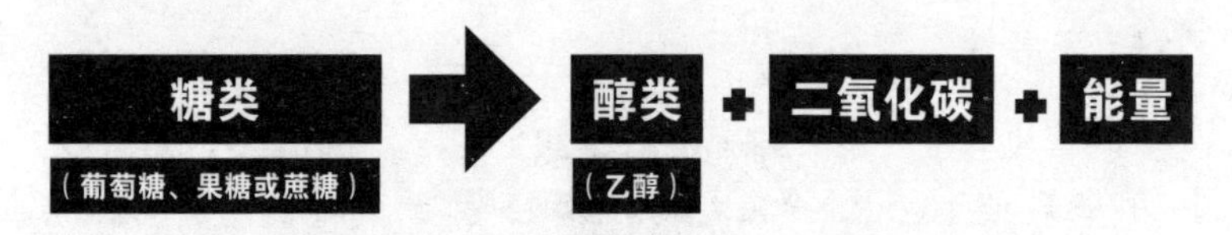

以葡萄糖的“糖酵解”为例，化学式为：

$$C_6H_{12}O_6 \rightarrow 2\ C_2H_5OH + 2\ CO_2$$

留意上述的分子虽然包含“氧原子”，但独立存在的“氧”（oxygen）在整个过程中没有出现。

与此相反，氧气的参与会引起我们一般更熟悉的“氧化作用”（oxidation），在生物体中又称“有氧呼吸”（respiration）或“消化作用”（digestion）。

以葡萄糖的“氧化作用”为例，化学式为：

$$C_6H_{12}O_6 + 6\ O_2 \rightarrow 6\ CO_2 + 6\ H_2O$$

避免发酵有方法

巴斯德的研究显示，食物放得久了会变坏（如奶类变酸），往往都是因为发酵的作用，而只要我们先用高温把细菌和酵母菌等微生物杀掉然后再密封，食物便可以更长久地保存。他倡议的这种杀菌方法，后人称为“巴氏灭菌”（pasteurization），而罐头食物就是这样发明的。

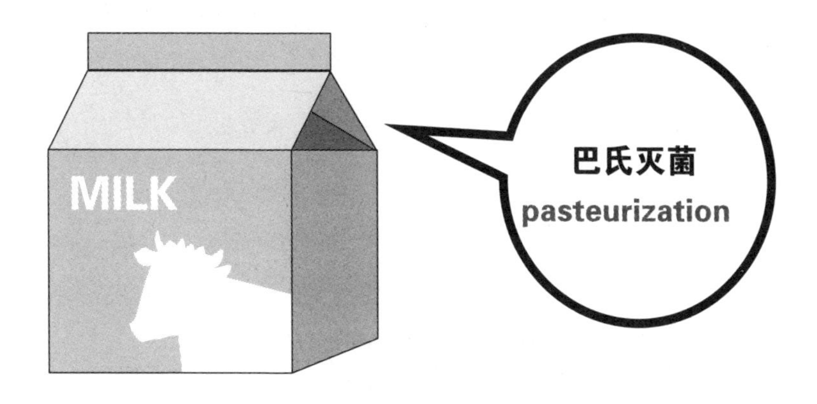

下次大家喝鲜奶时，请看看盒子上的字样，因为之上可能印着 “巴氏灭菌”这样的文字。

轻功水上漂
——能在水面上行走的秘密

先考考你：一支针可以浮在水上吗？表面看来这是不可能的！因为钢铁的密度比水大很多倍，钢铁打造的针，又怎么可能浮在水面呢?

的确，如果我们尝试把针放于水面，无论我们如何小心翼翼，针还是会一下子便沉到水底。

实验：一张纸巾＋针

但现在让我们把针放在一张纸巾上，然后把纸巾小心地平放在水上看看。

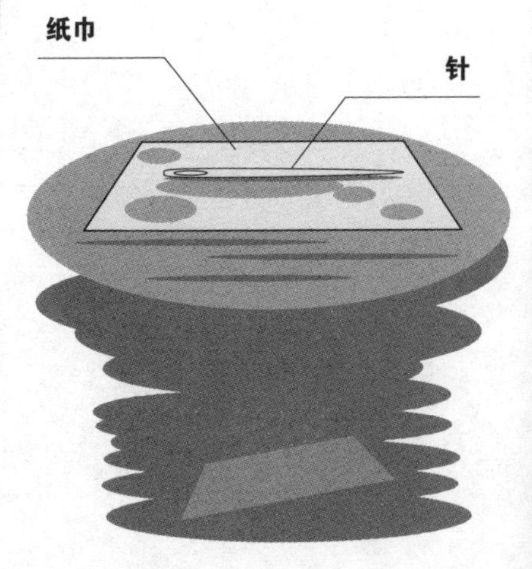

嘿！纸巾在吸满水之后会缓缓下沉，但针却被留在水面而浮起来！为什么会出现这种违反物理常识的情况呢?

实验：胡椒粉 + 肥皂

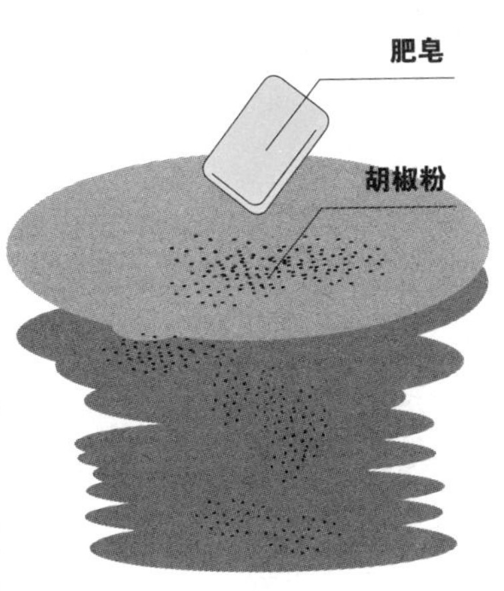

让我们再做一个实验——把一些胡椒粉轻轻撒在一盆水的水面上，我们发觉虽然有小部分会下沉，但亦有不少仍浮在水面上。好了，现在让我们拿来一小块肥皂，并把它轻轻地触碰水面。

嘿！我们会发现碰触点周围的胡椒粉会下沉，而其他的则会迅速向外移。为什么会出现这种古怪的情况呢？

实验：小纸船 + 肥皂

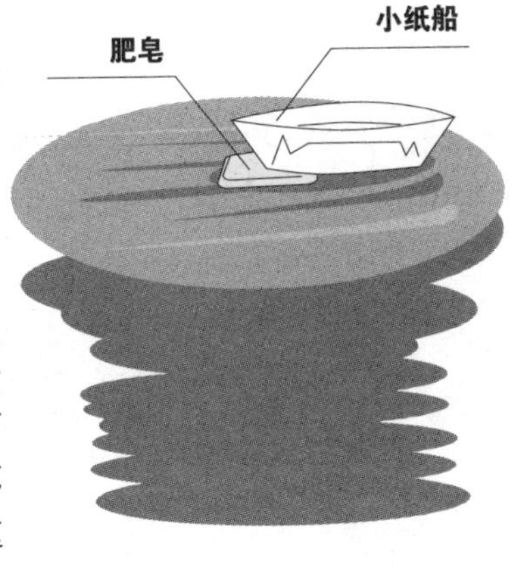

再做一个实验——让我们先用纸折一只小纸船，然后在船底的一端用胶带贴上一小片肥皂（注意不要把肥皂完全覆盖）。把这底部贴有肥皂的纸船放到水中，我们会发现纸船竟然会自动向前进！为什么会这样呢？

认识水的表面张力

以上三个实验其实都与水的“表面张力”（surface tension）有关。原来水分子与水分子之间，有很强的相互吸引力，这种吸力在水的中央彼此抵消，但在水的表面却会出现不平衡的状况，这种不平衡会令处于表面的水分子有一种内聚的倾向，结果是令水的表面好像有一层薄膜包裹似的。水滴的形成，正是这种作用的结果。

正因如此，一些轻盈的昆虫如蚊子和蚂蚁可以浮于水面，即使它们的密度比水大。要数能够利用表面张力在水面潇洒滑行的昆虫，那便非水黾（water strider）这种昆虫莫属。

不过这种表面张力也可以对细小的生物构成危险。假设它们不慎被困在一颗水珠之内，便有可能无法挣脱而被活活闷死！多年前一部动画片《蚁哥正传》（Antz）中，便描绘了这样的一个情境（幸而最后有惊无险）。

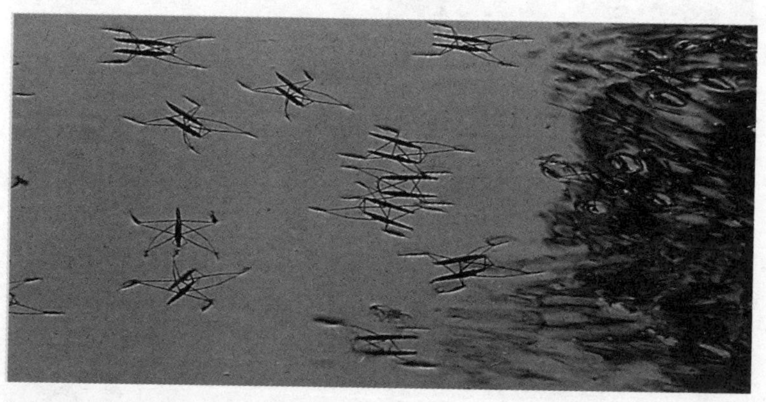

▲水黾浮行于水面。

矿物质影响张力

要留意的是，水的表面张力与它所包含的矿物质有关。一般来说，含量愈多则表面张力愈大。正因为这样，在中国的名泉如杭州的虎跑泉和济南的趵突泉，游人都喜欢玩一个游戏，就是把最轻的硬币尝试平放于一碗泉水的表面，或是在盛满了泉水的碗中慢慢加进硬币让它们沉在底部，然后看着水的表面如何拱起，直至远高于碗口的水平也不溢出这种奇景。

由于矿物质会增加水的表面张力，我们在洗衣服时，会发觉用自来水加肥皂的效果会较好，但用井水加肥皂的话，则好像难以发挥其清洁力似的，原因正在于此。

肥皂令水分子失去吸引力

让我们回到之前的实验之上。肥皂之所以可用来清洁，是因为它会破坏水分子之间的吸引力，从而使得物件表面的污渍较易被水冲刷掉。在胡椒粉的实验中，以肥皂接触水面的话，由于接触点那儿的表面张力被大大降低了，这不单令附近的胡椒粉下沉，亦造成了附近表面张力的不平衡，从而把胡椒粉推开（实质是被不平衡的表面张力拉开）。同理，纸船一端的肥皂改变了表面张力的平衡，于是令纸船移动起来。

哥伦布大交换

——你愿意用香蕉交换番薯吗?

以下考大家一条非一般的常识题：巧克力、辣椒、火鸡和番薯（地瓜）这四种东西，除了都是食物外，还有什么共通之处?

笔者敢打赌，如果没有这篇文章的题目作提示，你要是拿这道问题去问一千个人，也未必会有一个人能够给出正确的答案。我刚刚已给大家一个大提示了！怎么样？猜到答案是什么了吗?

不用说，答案当然和 1492 年有关！

哥伦布发现新大陆

1492 年发生了什么大事？那就是——“哥伦布发现新大陆”。而在哥伦布未发现新大陆之前，上述提及的这四种东西，都不存在于南、北美洲以外的民族的食谱之中。

由于哥伦布抵达美洲是 1492 年的事情，也就是说，在 1492 年之前，在中国没有烤番薯，西方人在复活节时不会吃火鸡，印度人的食物中没有辣椒，而在瑞士也不会买得到巧克力！进一步说，如果小说或电影中出现秦始皇吃番薯，或是凯撒大帝吃火鸡等情景，都是犯了严重的史实性错误。

新大陆说法的谬误

在继续讲“哥伦布大交换”之前，我必须解释一下，我为什么对“哥伦布发现新大陆”这几个字加上了引号。理由当然是——在哥伦布未抵达美洲的一万多年前，其实便已有人类移居美洲大陆，所以“哥伦布发现新大陆”这种说法，也是严重违反历史事实的。

按科学家的研究，原来早于一万三千多年前，由于地球正受着第四纪冰期的影响，南、北两极的冰帽大幅扩张而令全球的海平面大降（约较今天的低60米），亚洲大陆的一些古人类，于是通过连接亚洲最东端和北美洲最西端的“地峡”［即现今的“白令海峡”（Bering Strait）的所在处］，逐步从亚洲迁徙至北美洲。接下来，这些人不断开枝散叶并向南移，最后抵达南美洲的最南端。

物种的大交换

由于地理上的相对孤立，南、北美洲（西方人泛称“新大陆”）的动、植物品种，与非洲和欧亚大陆（泛称“旧大陆”）之上的大相径庭。而所谓“哥伦布大交换”，是指始于哥伦布为代表的欧洲人对美洲的侵略和占领之后，大量的生物品种在“新、旧大陆之间”交流。

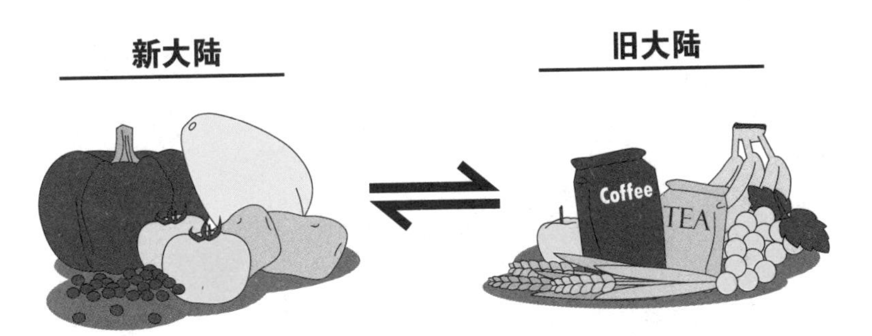

▲马铃薯、玉米、花生、番茄、南瓜、木瓜、核桃、菠萝、向日葵、烟草、可可豆、橡胶树

▲大麦、小麦、稻米、茶、棉花、甘蔗、香蕉、苹果、橙、咖啡、洋葱、芒果、芋头、西瓜、葡萄、猪、牛、马、羊、鸡、鹅、鸭

新大陆→旧大陆

新大陆对旧大陆所带来的贡献，实在大得难以想象。在农作物方面有——马铃薯（对！以前西方人的食谱中是没有薯条的）、玉米、花生、木薯（后来成为非洲人民的一种主粮）、番茄、南瓜、木瓜、核桃、菠萝、向日葵、烟草（对！美洲以外的人在1492年之前不懂抽烟）、可可豆（制造巧克力的原材料）、橡胶树（马来西亚之所以盛产橡胶，是因为英国人把橡胶树移植过去了）。

旧大陆→新大陆

至于相反的流向，即由旧大陆传至美洲的则有——大麦、小麦、稻米、茶、棉花、甘蔗、香蕉、苹果、橙，此外还有咖啡、洋葱、芒果、芋头、西瓜、葡萄等。而在家畜、家禽方面则有猪、牛、马、羊、鸡、鹅、鸭等（新大陆固有的家禽、家畜主要是火鸡和驼羊）。对！北美的原住民（欧洲人误称"印第安人"，因为哥伦布以为自己已到了印度！）以前是没有马骑的，而南美的哥伦比亚也没有咖啡出产。

历史学家还指出，欧洲人从美洲掠夺的巨量黄金和白银，以及通过数百年惨无人道的非洲黑奴制度在美洲种植甘蔗和棉花创造财富，是令西方称霸世界和支撑工业革命发展的一大动力。不过，那是另一个故事了。

冲上云霄
——铁鸟不坠之谜

千百年来，人类都梦想能够像雀鸟般在空中自由自在地飞翔，直至一百多年前，在凭借热气球的升空以外，“重于空气的动力飞行”（heavier–than–air powered flight）仍被视为无法实现的梦想。著名物理学家开尔文（Lord Kelvin）在 1895 年便断定：“重于空气的飞行是不可能的。”

然而，就在开尔文这一宣称之后的 8 年，莱特兄弟（the Orville & Wilbur Wright brothers）两人便于 1903 年在美国北卡罗来纳州一处叫基蒂霍克（Kitty Hawk）的地方创造了历史！

人类的航空时代

莱特兄弟所建造的飞机，首次成功地飞行了约 37 米，并在空中逗留了 12 秒；在同一日的另一次试飞中，距离更增加至 260 米，而时间则增加至 59 秒。而从这个卑微的开端，人类进入了“航空时代”。

今天最大的民航客机空客 A380 的起飞重量达五百多吨，那么究竟是什么力量，能够让这样的庞然大物在空中飞翔而不直坠地面呢？

原来，背后的原理早于 1738 年便已经被一位瑞士的物理学家伯努利（Daniel Bernoulli）所发现，并被后世称为“伯努利原理”（Bernoulli's Principle）。

实验：伯努利原理

让我们做一个简单的实验——把一张下垂的纸放到下唇之下，然后用力吹气，我们发现，纸张在我们吹气期间会被“吸”起来。再来一个实验：把两张纸条垂直置于口的两旁，然后用力吹气，我们会惊讶地发现，两张纸条不是被吹开，反而是会在我们吹气时，相互靠拢在一起。

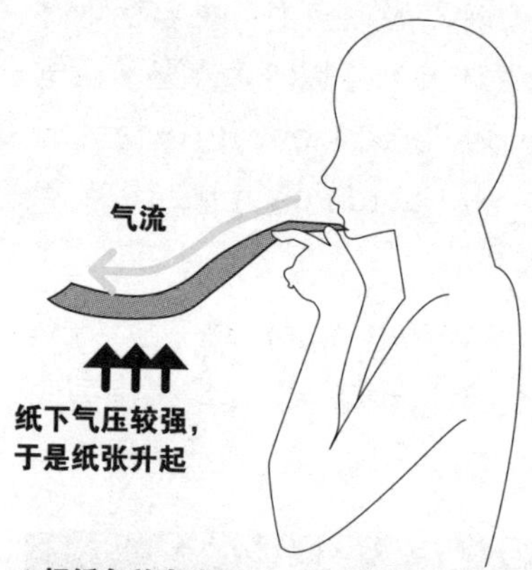

▲把纸条放在嘴唇下，用力吹气，造成纸条上方的气流加大，气压也较小，而纸条下面的气压则较强，于是纸条便升起。

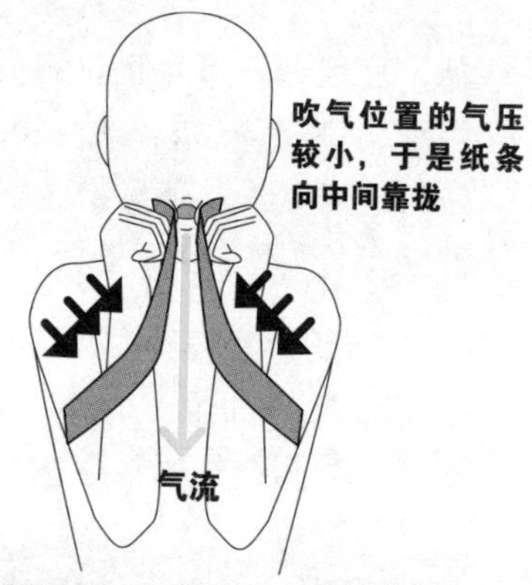

▲在嘴边垂直放两张纸条，向两纸条中间的位置吹气，因为吹气位置的气压比外边静止的空气小，受外围较强气压的作用下，纸条向中间靠拢。

为什么会出现这样奇怪的情况呢？原来这是因为比起静止的空气，流动时的空气的气压会较低。结果是周围的空气（严格来说是气压的差异）导致纸条作出方才的种种运动。

留意这儿所指的“气压”是作用于四面八方的“流体静压力”（hydrostatic pressure），而不是指加上了流体运动所造成的，因此是有特定方向性的“风压”（wind pressure）。“流体”（fluid，包括气体和液体）在运动时的压力较静止时的低，而且运动速度愈高则压力愈低，这便是伯努利所发现的原理。

抬升力的作用

飞机的升空，正是利用了这个原理。由于机翼的设计是向上的一面拱起，而向下的一面水平，空气高速流过时，下方的“静气压”会大于上方，压力差异于是形成了“抬升力”(up-lift force)。当然，要这一抬升力抵消飞机的重量而令飞机“悬浮”空中，飞机首先要像汽车一样在跑道上高速奔驰。这正是机场的跑道为什么要做得这么长的原因。

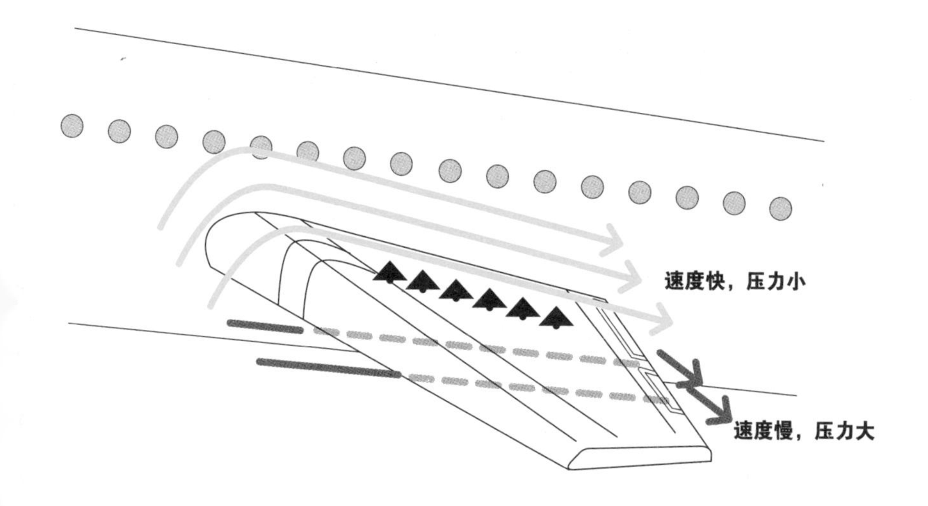

由于这一原理普遍适用于任何流体，人们亦据此发明了水翼艇 (hydrofoil)。同理，水翼艇在起航时必须像普通船只一样浮在水面前进，但当达到了某一速度后，船底下伸延的水翼，便会像飞机的机翼一样，通过伯努利原理把船托起来，直至船底离开水面。由于接触面积及相连的摩擦力 [亦即“拖曳力”(drag force)] 大大下降，我们便可以用较小的动力获得较高的速度。

一路顺风是坏事?

让我们回到飞机之上。上述的原理亦正是为什么在飞机起降时，太大的“逆风”（headwind）和“顺风”（tail wind）皆会引致严重的问题。

假设飞机在降落时遇上太大的逆风，便会增加飞机所受的抬升力，而令它超越跑道也未能着陆。至于太大的顺风则更危险！因为抬升力骤降，会令飞机掉到地上而撞毁！

那么是否说朋友坐飞机出行时我们祝他“一路顺风”是错的？那又不是！原因是上述说的是飞机升、降时的抬升力问题，但如果飞机已在高空（如 10,000 米以上），高速的顺风的确可以帮助飞机快点抵达目的地，这儿起关键作用的是风的推送力，情况就像船只在河道航行时是顺流还是逆流一样。

水洗能清
——为什么水有清洁效用?

水，是地球上最普遍的液体，也是一切生命之源。没有了食物，我们也许还可以撑上十天八天；但假如没有了水，我们最多只能活上三四天。

除了直接饮用和灌溉农作物之外，水的另一个重要用途就是——清洁。

除非我们生活在非常干燥和寒冷的地方，否则大部人每天不洗澡的话，准会觉得浑身不自在。相反，一天的辛劳或剧烈运动之后，能够洗上一个热水澡，乃是人生一大快事！

我们每天都用水来洗澡、洗衣服、洗食物，可是我们有没有想过——水为什么可以用于清洁呢?

作为一种液体，水的冲刷，可以把沙泥和尘埃等物质带走，这是十分容易理解的，但水之所以可作为一种“万用清洁剂”，在化学上确有其独特的原因。而要了解这个原因，我们则必须先了解水的化学构成和特性。

水的结构

众所周知，“水分子”(water molecule)由一个“氧原子”(oxygen atom)和两个“氢原子”(hydrogen atom)组成。在这个三角形的结构中，“氢、氧、氢”(即 H-O-H)的角度为 104.5° ，亦即较一个直角大一点点。

在此我们要了解的是，“氧”和“氢”的结合 (化学术语称为“键”)，实乃由包围着双方的电子之间的相互作用所产生，其间氧原子对这些电子的拉扯整体上较氢原子的大，是以整个水分子虽然在电荷上属于“中性”(electrically neutral)，但三角形分子中的“氧端”带有“负电荷”(negatively charged)，而两个“氢端”则带有“正电荷”(positively charged)。就物理学的术语来说，水分子属于一个拥有“电偶极矩”(electric dipole moment)的“极性分子”(polar molecule)。

上述的事实十分重要。正因为水分子这种电荷上的“极性”(polarity)，所以它可以溶解大量不同种类的化学物质。

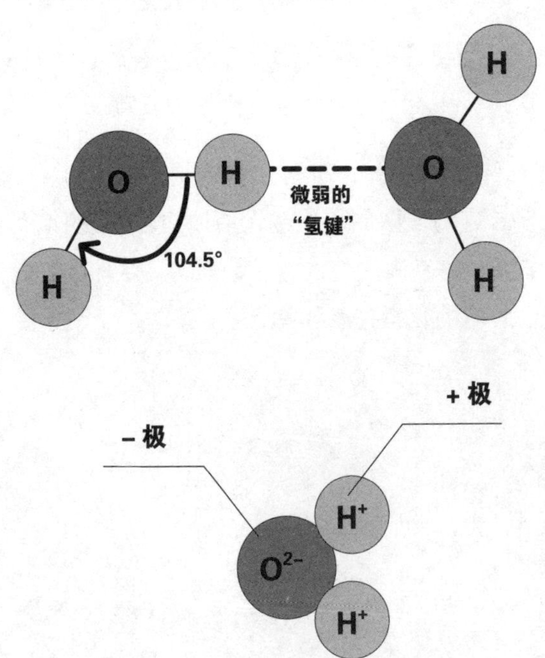

水的净化力

原来不少物质，如酸（acids）、碱（alkalines）和盐类（salts）等，都可以在水中分解成带正电的“阳离子”（cation）和带负电的“阴离子”（anion），例如构成食盐的“氯化钠”（sodium chloride），会在水中分解成带正电的“钠离子”（sodium cation）和带负电的“氯离子”（chlorine anion）。水分子的极性，既促使它们的分离，亦保持了它们的分离状态，这便是水之所以能用于清洁的基本化学原理。

那么水是否是唯一拥有这种特性的物质呢?

水以外的选择

当然不是。其他化合物如我们熟悉的酒精（alcohol）和“氨”（ammonia），同样都带有极性，所以也可以用于清洁。

但必须留意的是，酒精[其正式名称是“乙醇”（ethanol）]只是一种叫“醇”的化合物系列中的一种。该系列中的其他品种不一定适用于清洁，例如“甲醇”（methanol）便带有毒性而不宜用于清洁和消毒等。我们一般用的消毒酒精，是一种含有75% 乙醇和 25% 清水的水溶剂。

至于氨这种物质，在地球表面一般为气体，只会在零下34 摄氏度以下才成为液体。我们当然不会用这种极其冰冷的液体作为清洁剂。而且氨气其实是一种带有腐蚀性的危险气体，如果我们用它来进行清洁，则必须先把它溶在水中成为氨水。大家是否试过用玻璃清洁剂擦拭玻璃呢? 你在使用时所闻到的刺鼻气味，就是来自氨本身。

毛细管、大作用

——保鲜纸为什么不能吸汗？

再考考大家一个问题——为什么一张保鲜纸不能用来擦汗，但一条毛巾或纸巾却可以？

这个问题看似十分平凡，但事实上科学中不少伟大的发展，都是在研究平凡的事物时有所发现的。例如上述这个问题，背后的原因便牵涉到自然界中一个重要的现象，这个现象称为“毛细管作用”（capillary action）。

毛细管如何发挥作用？

这个作用是指——当液体遇上很窄的管道时，液体会有被吸进管道之内的倾向。而毛巾或纸巾与保鲜纸的主要分别，是前者由纤维所组成，表面包含着很多细微的管道（孔道），这些管道通过毛细管作用，把水分吸走，于是毛巾或纸巾可以用来擦汗。

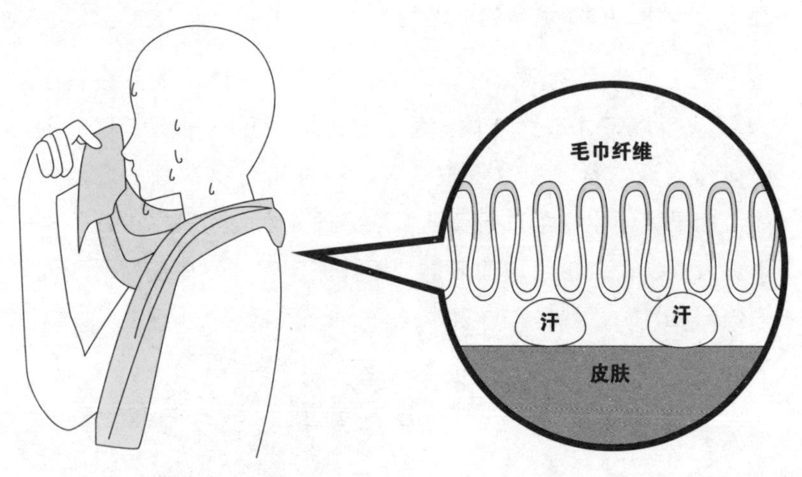

实验：试管吸水

要更好地示范这一作用，我们可以用直径不同的试管（最好是透明玻璃管），垂直地放进一盆水中（但不要碰到盆底）。我们会看到——在稳定下来之后，管子内的水平面，会较之外的略高，而且管子直径愈小，升高的程度便愈厉害。

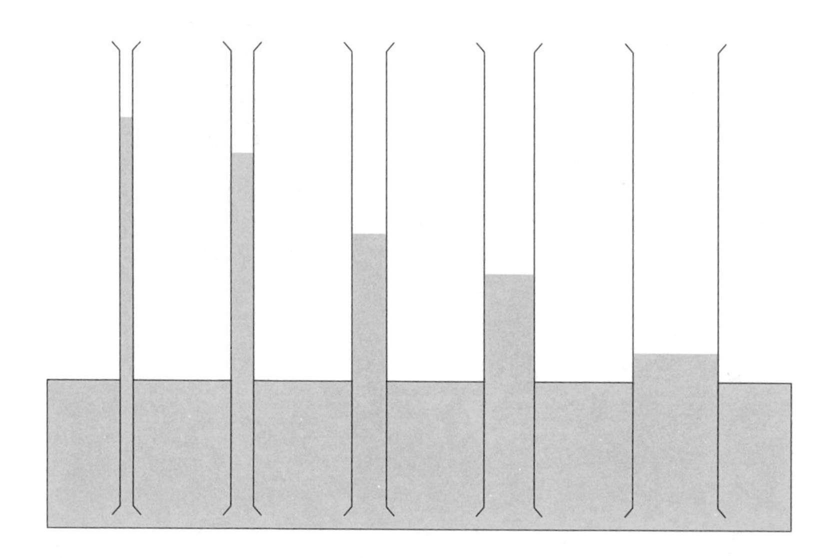

吸水原理

为什么会这样呢？原来水分子之间因为互相吸引会产生一种“内聚力”（cohesive force，亦是“表面张力”的成因），而水分子与管道内壁的物质，也会相互吸引而产生“附着力”（adhesive force），当附着力大于内聚力时，便会产生一种“牵引力”。在微细的管子内，这种牵引力便可以克服水的重量而把水面提升。在上述的实验中，由于管子愈窄而所要提升的水的重量也愈小，所以水面被提升的水平也愈高。

发挥输送水分的作用

这种毛细管作用对生物极其重要。植物之所以能够吸取和在体内输送水分，全赖根部和茎部的这种作用。我们可以用一些白色花朵（如康乃馨）来作示范——如果我们在盛放康乃馨的花瓶中倒进一瓶黄色的墨汁，只要我们静候数十分钟，便会看见黄色的水分沿着花朵的茎部慢慢向上移动，最后令康乃馨的花瓣逐渐变为黄色。当然，如果我们采用蓝色的染料，则花瓣会逐渐变成蓝色。

实验：吸水转移

我们也可以用纸巾来作示范——取一个空玻璃杯和一个有放着颜色的水的玻璃杯，然后把一张厚纸巾卷成条状。我们把纸条的一端浸到有颜色的水中，另一端则放到空玻璃杯之中，我们会看到有颜色的水会被纸条吸升并转移到空杯之中（过程要数分钟）。如果我们有耐性等候多个小时，一半的水会被转移，直至两杯水的分量相同为止。

▲把一张厚纸巾卷成条状，可将有颜色的水吸升转移到另一个空杯之中，直至两杯水的分量相同为止。

毛细管作用的日常使用

毛细管作用也常被用到我们的日常生活之中。例如毛笔和钢笔之所以可吸满墨汁让我们进行书写，就是这种作用的结果。又例如在没有电灯之前人们所用的油灯，火焰之所以能够不断燃烧，便是因为灯芯不断把灯油吸到火焰之处。

纸色层分析法

即使在现代科学中，毛细管作用也可帮助科学家通过一种叫“纸色层分析法”(paper chromatography)的方法来进行化学分离，因为如果溶液中含有分子结构和大小皆各有不同的成分，它们在毛细管作用下，在纸张中渗透的速度便会有所不同。通过一定的程序，科学家便可以把这些不同的成分分离，然后进一步化验以找出溶液中到底包含着什么化合物。

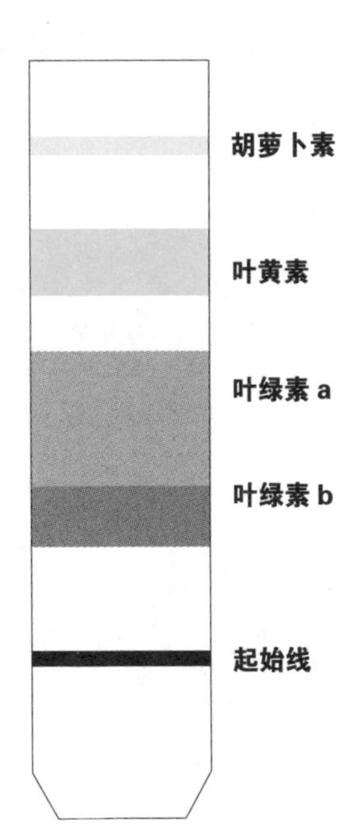

▶以分析菠菜成分为例，用“纸色层分析法”，可通过菠菜汁样本液体在滤纸上的渗透，从而分析其中的成分组成和比例。

小沙粒、大道理
——沙漏中隐藏的秘密

大家有没有见过“沙漏计时器”(hour-glass)呢? 在机器钟表还未发明之前，“沙漏”与“水滴漏”曾被人们用于短暂的计时。而沙漏器较为优胜的地方，是一趟计时完毕后，可以被倒转过来重新使用，较水漏法(中国古代称“铜壶滴漏”)更为方便。

大家不要小看这样一个小小的沙漏器，原来在沙粒下坠这个平凡的现象背后，实包含着深刻的科学原理。

沙漏的移动观察

让我们假设沙漏器刚被倒转而沙漏刚刚开始。我们会看到，沙粒最先在底部积聚，然后很快便形成一个小沙丘。这个沙丘不断扩大和增高，以至沙丘四周的倾斜度亦不断增大。但这种情况不会简单地持续下去。当四周的斜度到了一个极限时，只要小量沙粒再下坠便随即会引发沙丘的突然崩塌!

崩塌后的沙丘，其实仍然是一个沙丘，只不过高度较之前的降低了，而底部的面积则有所增大。好了，由于沙粒还在不断下坠，沙丘会再次扩大和增高。但不用我说大家也会猜着，这种增加最后也会导致崩塌，而沙丘的高度再次下降……

◀沙粒最先在底部积聚，很快便形成一个小沙丘，沙丘不断扩大和增高，到了一个极限时崩塌，高度较之前减少，底部面积增大，而上面的沙粒继续下坠，沙丘会循环形成和崩塌。

必然中有偶然，偶然中有必然

这有什么稀奇呢？你可能会问。不错，这是一个表面看来平凡不过的现象。但大家有没有想过，沙丘的每次崩塌，是否可以准确无误地被预测到呢？

科学家的研究告诉我们，答案是否定的。事实上，无论在时间上还是规模上，沙丘的崩塌都具有很大的偶然性和不可预知性。也就是说，沙丘斜坡的斜度有时会很高才出现崩塌，但有时并不是很高也会出现崩塌。同样地，每次崩塌的规模可大可小，并无明确的规律可循。

这真是一个十分有趣的现象。沙丘早晚会崩塌——这个结论是必然的，是事物发展中的“必然性”；然而，崩塌出现的时间和规模，却无从准确预计，这是事物发展中的“偶然性”。而沙漏这个简单的玩意儿，原来已包含了事物发展的“必然中有偶然，偶然中有必然”这个深刻的道理。

无法预测的临界点

从另一个角度看，沙丘之所以会忽然崩塌，是因为当时整个系统已经达到了一个“临界点”（critical point）而无法持续下去。留意这个临界点的出现是完全遵循牛顿经典力学的描述，并无像量子力学中的“或然性质”。然而，由于整个系统乃由极多的单元（沙粒）所组成，而单元与单元之间的相互作用，将会受到众多微细的因素所影响，结果是，每一次出现的沙丘，都几乎是独一无二的，而它再往后的变化也无法被完全准确地预测。

以上有关系统发展的必然性、偶然性和临界点的现象，在自然界以至人类的社会行为中，其实十分普遍，例如山体滑坡、雪崩、股票价格的变动、酒会中人群交谈的总体声浪起落等现象皆是。

临界点出现频率与突变规模的启示

在更为学术的层面，“沙丘崩塌实验”为人们研究事物如何由“混沌状态”(chaos)演变至“复杂状态”(complexity)所经历的“自组织临界性”现象(self-organized criticality)提供了宝贵的启示。

其中一项较简单的启示，是临界点出现的频率，与它带来的突变规模呈反比的关系。

简单地说，就是在同一时段内，规模愈小的崩塌出现的次数愈多，规模愈大的崩塌次数则会愈少，这种频率分布形态科学家称为“幂律分布”(power law distribution)。这种分布在自然界十分常见。

例如地质学家的研究显示，地震出现的次数，便与地震的大小成反比；气象学家的研究又显示，风暴出现的次数，也与它们的猛烈程度成反比等。这一关系有助我们从事物发生的频率，推敲出后续会出现何种规模的状况。

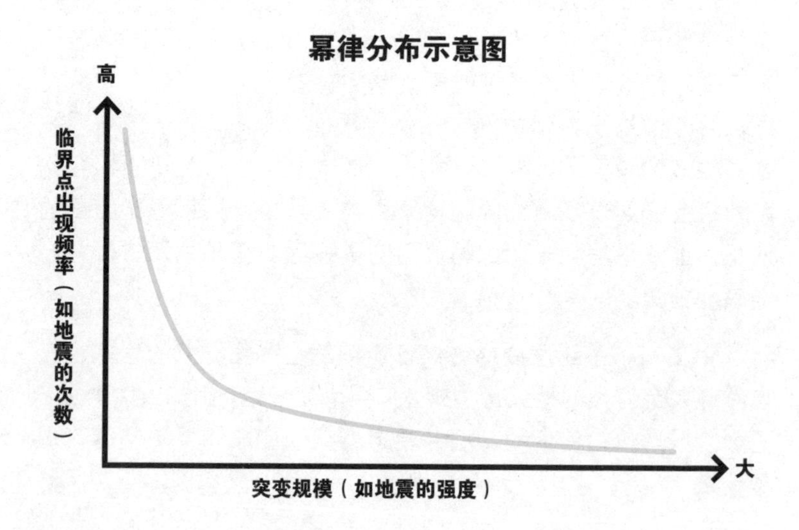

有谁共鸣

——高音频真的可以振爆玻璃杯吗?

大家有没有听过“女高音可以振爆玻璃杯”这种夸张的说法呢?要了解这是怎么回事,我们必须先了解什么是“共振”(resonance)。

而要了解共振,最佳的例子莫不如“荡秋千”。我相信读者中,应该没有人未试过荡秋千吧?在享受这种游戏的乐趣之时,不知大家又有否想过,背后其实大有学问呢?

荡秋千如何愈荡愈高?

让我问大家一个简单的问题——怎样才可令秋千愈荡愈高?

稍有经验的读者会知道,只要在秋千每次来回摆动时大力一撑(若是站着的话,可通过双脚用力;坐着的话,则通过臀部用力),秋千自会愈荡愈高。

但大家有没有想过,每隔多久用力一次才最有效呢?

不要以为愈频密用力愈有效!经验告诉我们,每上下摆动一回用力一次,这才最有效。相反,用力撑的时间间隔若是与摆动的周期不吻合(无论是过短还是过长),结果都会事倍而功半,甚至令摆动出现混乱而导致停止。

自然振荡系统的原理

大家是否还记得儿时荡秋千时背后有父母帮忙推一把的话，父母也是在秋千荡至同一位置才发力推动，亦即“发力的周期”与“秋千摆动的周期”一致。而这也正是科学家在研究“自然振荡系统”（natural oscillating system）时所发现的原理，这个原理被称为“共振”。

科学家发现，可以出现振荡的物理系统都有它的“自然振荡频率”（natural oscillating frequency），一个自由摆动的秋千（无论之上有没有坐人）就是一个很好的例子。假设我们将秋千移离垂直的自然状态然后放开，只要之后再没有外力的影响（包括秋千上的人全不用力），秋千来回一次的时间我们称为“自然周期”（natural period），而秋千在单位时间内（如每秒或每分钟）摆动的次数我们便称为“自然频率”。一个科学常识是——秋千的吊链愈长，来回摆动的时间便愈长，亦即周期愈长而自然频率愈低。

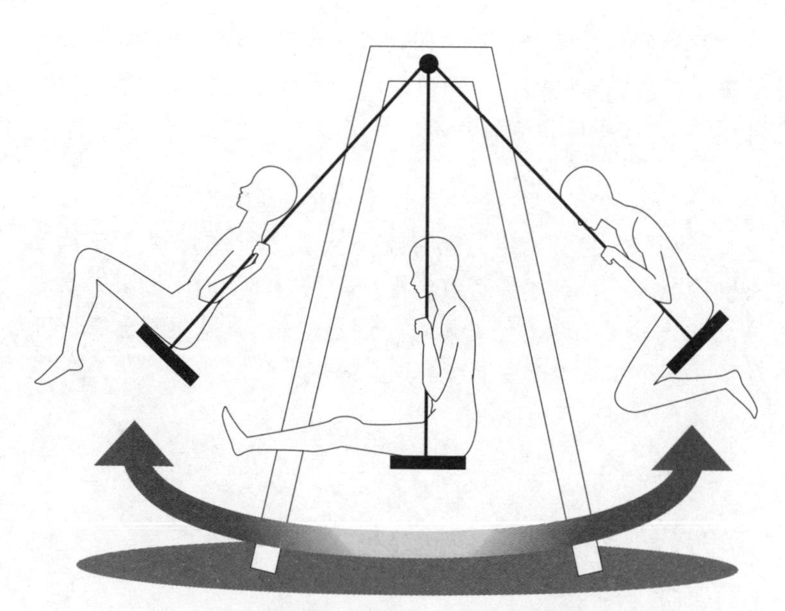

▲荡秋千每上下摆动一回用力一次最有效。

认识共振原理

而按照“共振原理”（principle of resonance），如果现在有一个“周期性的外在驱动力”（periodic external driving force）作用于这个系统（例如在背后中间推一把的爸爸或妈妈），则这个外在驱动力的频率如果和系统原来的自然频率一致的话，原来系统的振荡会因为能量的有效吸收而变得愈来愈激烈。继续以荡秋千为例，就是摆幅愈来愈大，秋千荡得愈来愈高。

不要小看这个简单的原理，在建筑和工程设计上，设计师都必须小心考虑共振所可能会带来的破坏。无论是一座建筑物还是一座大桥，我们都必须避免它们的自然振荡频率等同于有可能在自然界出现的振荡频率（如来自地震、海浪冲击或强烈阵风的频率）。在建造飞机之时，我们也要避免机上的各种机器振荡互相诱发共振。

在历史上，共振现象确曾导致灾难性的后果。其中最著名的，是英国曼彻斯特附近一座建于1826年的铁索吊桥的塌陷。1831年，一队步兵在齐步过桥时，由于步操的频率刚好与吊桥自然摆动的频率相同，而桥的建构也存在着一些瑕疵，于是这座只建了5年的铁桥在共振作用下轰然倒塌。自此之后，军方下令军队必须以便步而非齐步的形式过桥。

理论上可以出现的振爆玻璃现象

回到文首的“振爆玻璃”之谜。理论上，如果一个肺活量惊人的女高音歌唱家引吭高歌至最强音时，只要声波的频率刚好符合一只高脚薄身酒杯的自然振荡频率，确有可能通过共振将酒杯振碎！但现实中这应该十分罕见，而至今也未有确凿的案例记录。

沉默的喇叭
——立体声是怎么一回事？

大家有看过3D（三维）电影吗？自从《阿凡达》这部超级科幻片的3D版推出以来，3D电影于短短数年间席卷全球。20世纪上半叶已于科幻小说中预言的视听科技，终于在21世纪的今天实现。笔者作为科学兼科幻发烧友，当然兴奋无比。

3D影像的享受如今已不独限于电影院内。大量3D的家用电视机和投影仪现已推出市场。当然，普罗大众未必会立刻把现有的器材扔掉（包括笔者在内，因为这样既浪费又不环保），所以大部分人可能不会于短期内在家中欣赏3D电影。然而，大家可能有所不知的是，如果我们说的不是电影而是音乐，则现在大部分人安坐家中，已经随时可以享受到3D音响的乐趣！

3D音响的享受

在未解释这是怎么一回事之前，让我们先看一个真实的笑话——话说有一个人想购买一套较优质的音响设备，于是前往一家高级的音响店试听。音响店的服务员接好一套不错的器材（播碟机加功放器加扬声器），并选了一些录音特别出色的音乐来播放。

听了好一会儿音乐之后，这个人感到十分满意。服务员满以为这单生意非常顺利，正打算为客人开单，怎料这个客人突然皱起了眉头跟他说："这套器材好是好，但我想我们需要换一对扬声器。"

服务员十分诧异地问道：“扬声器有什么问题吗？”

客人的回答是：“身为音响店员的你不是听不出来吧！扬声器一直都没有发出半点声响呀！”

各位朋友，如果你如今已捧着肚皮大笑，你当然已经知道我在说什么；但假如你的头顶上方仍满是问号的话，请你继续看下去吧。

单声道与立体声

上述那个客人批评扬声器（音箱）“没有发出半点声响”，当然表示他完全不明白什么叫“立体声音响”（stereophonic sound，又简称 stereo）。

让我们回顾一下历史。在未发明摄影器材之前，影像还可以通过绘画作出一定的记录。但声音是一瞬即逝的东西，一旦产生即会随风飘逝。爱迪生（Thomas Edison）于 1877 年发明的“留声机”（gramophone）是这方面的一个突破。

留声机发明的初期，只有一个喇叭（这儿称为“喇叭”当然绝对恰当），声音只会从一处播放出来。这种声音播放我们称为“单声道音响”（monophonic sound）。

随着技术的不断改良，上述的留声机逐步转变为分体式的唱片机加功放器加扬声器，而音质也不断地提升。但真正的突破，来自上世纪 50 年代初的“立体声录音”。

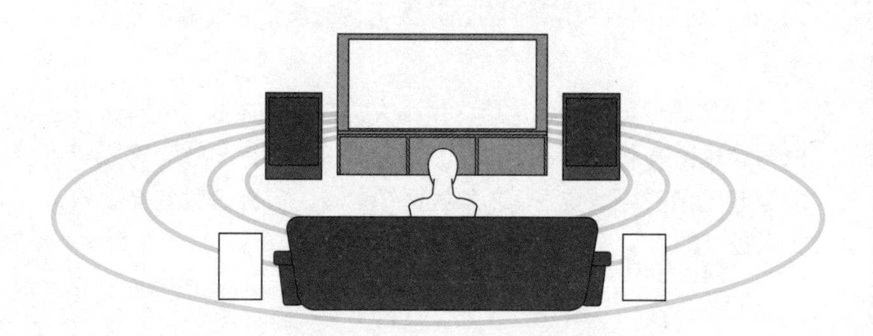

立体声的制作方法

在科技上来说，这其实不涉及重大突破，但从效果上来说，这却带来焕然一新的惊人感受。为什么这样说呢？原来所谓的“立体声”，只是利用多于一个“拾音器”来录音，而在播放时则通过多于一个扬声器来发声。关键之处在于——不同扬声器将播放不同拾音器所录取的声音。

经过了多年来的试验，立体声的录音和播放已经成为一门十分成熟的工艺技术。在录音方面，拾音器的数目可以由最少两个到最多十几二十个；但在播放方面，人们发现只需两个适当摆放的扬声器，即可重现出完全立体的、如幻似真的 3D 音响世界。

也就是说，无论拾音器有多少个，它们收录的信息都会通过“混音”（mixing）而转化为两条“声轨”（sound track），然后才交给一左一右的扬声器播放。

营造乐队现场演奏的效果

啊！这是何等震撼的播放呀！在一套优质的播放系统中，只要我们闭上眼睛，我们所听到的人声和乐器将会有“前、后”“左、右”“高、低”“远、近”的分别，感觉活像一支乐队就在我们面前演奏！

在发烧音响（audiophile world）中，上述的效果叫“结像”和“定位”，再加上“堂音”和“空气感”等效果，便可达到一种置身其中的现场感。也就是说，我们无须像科幻电影中的主角戴上眼罩或头盔，便可完全获得一种“虚拟现实”（virtual reality）的感觉！

听不见扬声器发声才是高境界

让我们回到方才的笑话上。原来在优秀的立体声播放期间，左、右声道的两只扬声器，会营造出一个上述的 3D 立体“音场”(soundstage)，而我们不应——请留意是不应——感觉到有任何声音直接来自扬声器！

事实上，扬声器的声音“离箱”是“高传真音响”(high-fidelity audio，即我们通常说的 hi-fi)的一项最基本要求。

至于上文谓“大部分人家中都可享受 3D 音响”这个说法，可说既对亦不对，这是因为只要你的音响设备包含两只扬声器 (今日的迷你音响系统一般都有)，它们原则上即可营造出一个 3D 音场。但由于大部分人都没有把它们适当地摆放，也不舍得花多一点金钱添置较优质的配对器材，是以立体声音响虽然发明了超过半个世纪，但大部分人对它仍不太了解，甚至闹出上述的笑话！

生存知识篇

大都会、小道理

——为什么城市东部的房价较高?

大家有没有留意到，在外国的一些大城市，东部的房价一般会比西部的高？当然背后的原因往往十分复杂，但其中一个原因，则是笔者多年前首次在外国探望朋友时发现的。

这个原因便是——太阳是东升西落的！

日照与城市房价的关系

不要以为我在说笑。事实是，一些我们以为不值一提的最基本常识，在不同的环境下，往往会带来意想不到的影响！太阳东升西落，对房价的影响是这样的——由于外国地大人稀，因此除了市中心最繁盛的商业区外，城市其他部分都不会有太多高楼大厦；而外国人为了追求更高的生活质量，往往选择居住在离市中心远一点的近郊（suburb），是以上班下班时都要开车。

聪明的你想到之间的关系了吗？关键在于——人们如果住在城西，则早上驾车上班时，便会面向着太阳驾驶，下班时也同样会朝着太阳方向驶去。相反，住在城东的人，则上班下班时都是背向着太阳。

不要小看这个简单的分别。从小在城市长大的人可能无法领会，长时间眼睛向着太阳开车（即使已经戴了太阳眼镜）是何等辛苦的一件事！

然而如果太阳的角度很低，即使是背向着太阳驾驶，其实也有一点儿问题，因为在强烈的阳光下，交通灯是红灯亮了还是绿灯亮了，有时也真的难以辨别。

笔者曾经在外国生活多年，所以这些都来自亲身的感受。

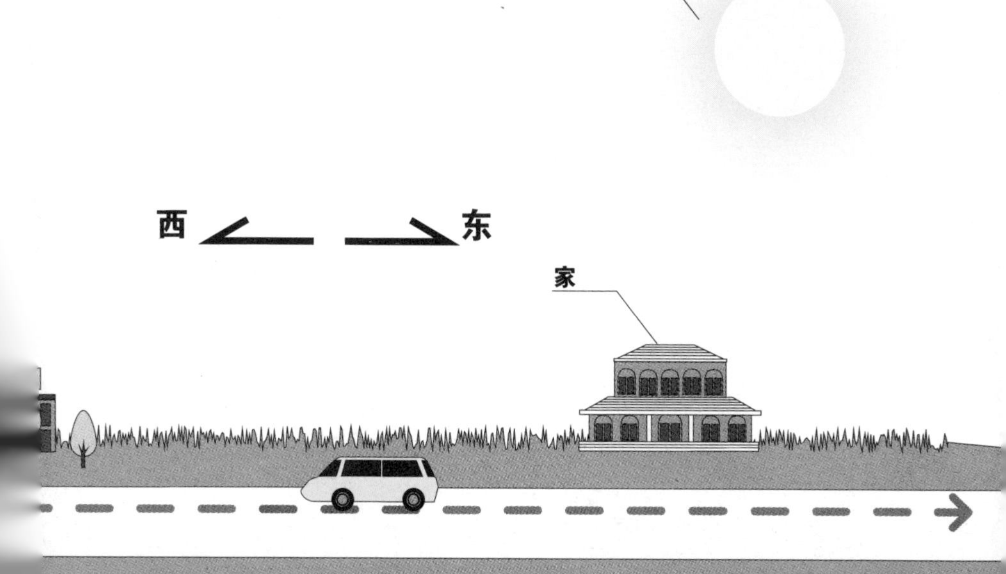

▲上班族早上由家里开车出门，他驾车背着太阳（东边）前往办公室（西边）。

都市化的巨浪
——你想住在城市还是农村?

相信正在阅读这篇文章的你生活在城市中吧。若是的话，你当然会觉得住在城市里是最自然不过的事情。但你有没有认真地想过——在人类漫长的历史中，住在城市还是农村，才是常规?

城市人与乡村人

“你是在说远古的历史吧? ”这可能是你即时的反应。不错，过去数千年来，人类文明的一个主要发展方向是“都市化”(urbanization)，亦即是愈来愈多的人住在都市里。由此你可能得出一个印象，就是过去数百年来，住在农村的人在全球人口中已经只属少数。

你这样想便错了。事实是——

直至上世纪末，住在农村的全球人口，仍然较住在城市中的人口为多。然而，按照联合国统计，当人类踏进 21 世纪之时，全球的城市人口的确首次超越了农村的人口。在人类文明的进程中，这可说是一件头等的大事! 人类终于成为一个“都市族类”(urban species)。

中国是一个农业大国。记得笔者于 1997 年在北京进行博士论文的实地研究时，当地的被访者还不时提到:“中国的人口中有接近三分之二是农民，要中国于短期内进入一个知识型的信息社会是十分困难的一件事。”

然而，只是短短的十多年，由中国官方所公布（2010 年）的全国人口普查结果，其中一项最惹人注目的，正是城市人口已占全国人口的一半。也就是说，即使是中国也已进入了“都市时代”。

都市化好与坏

“都市化”是一件好事，还是一件坏事？

这是一个庞大又复杂的问题，完全可以成为学校里社会课中一个专题探究和激烈辩论的题目。我们在这篇短文里当然无法给出一个全面的答案。

但笔者想在此指出——既然城市生活已经成为人类的主要生活模式，则这些“城市人”的能源供应、用水供应、粮食供应、废物处理、交通运输等问题，如何能够真正达到“可持续”发展？而城市和农村的长远关系究竟应该如何？这都是我们必须全面和深入地思索的问题。就笔者所见，完全靠“自由市场经济”的安排，已经把我们带到一个十分危险的境地！

近年来，不少大都市中的年轻人，都兴起了“返璞归真”“回归田园”“心灵绿化”“本土经济”“农业复耕”，以及重建“在地社群价值”的思想。这些倾向面固然值得我们欣赏，但毕竟今天世界的人口已较一百年前多了四倍多，要令以上的向往超越浪漫主义的层面，我们必须发挥高超的创意和利用尖端的高新科技，否则向往便永远只能是空想。

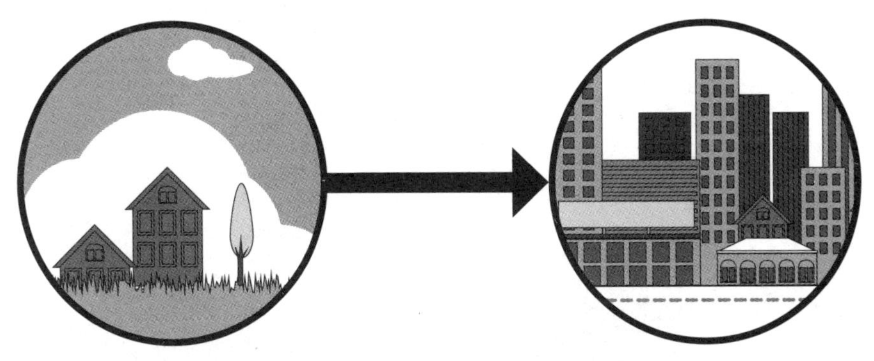

▲都市化是指农村人口流向、集中到都市的过程。

臭氧洞知多少
——天气预报为什么会提及“紫外线指数”？

前文谈到日光照射的方向与城市人上下班的关系。关于日照的讨论，我们免不了要谈到“紫外线”（ultra-violet ray）。相信大家每日都有看天气预报吧？不错，千变万化的天气的确引人入胜，亦在影响我们的日常生活。但大家有没有留意，在天气预报中，还会提到翌日的“紫外线指数”呢？大家又有否进一步想过，“紫外线”究竟有什么特别，值得我们天天都关注？

我可以告诉大家，在笔者念书的年代（包括大学时期）是没有这种报道的。紫外线指数的制订和报道，是科学家于上世纪80年代中期，基于在南极上空发现了“臭氧洞”（ozone hole）之后才出现的。也就是说，这种每日都出现的报道至今只有三十年左右。

根据“世界卫生组织”制订的“紫外线指数”所代表的“曝晒级数”

紫外线指数	曝晒级数
0~2	低
3~5	中
6~7	高
8~10	甚高
≥ 11	极高

臭氧层和臭氧洞

话说于 1985 年，一支英国南极科学考察队伍在探测大气的成分变化时，无意间发现了南极上空“臭氧层”(ozone layer)的臭氧浓度比正常的低很多，这个发现不但令科举家感到诧异，也引起了全世界广泛的关注甚至恐慌!

为何会出现恐慌？那便要先了解臭氧层是什么东西，以及臭氧洞有什么可怕。

原来地球的大气层，主要分为“对流层”(troposphere)、“平流层”(stratosphere)、“中间层”(mesosphere)等各大层次。而所谓“臭氧层”，是位于平流层之内的薄薄一层。

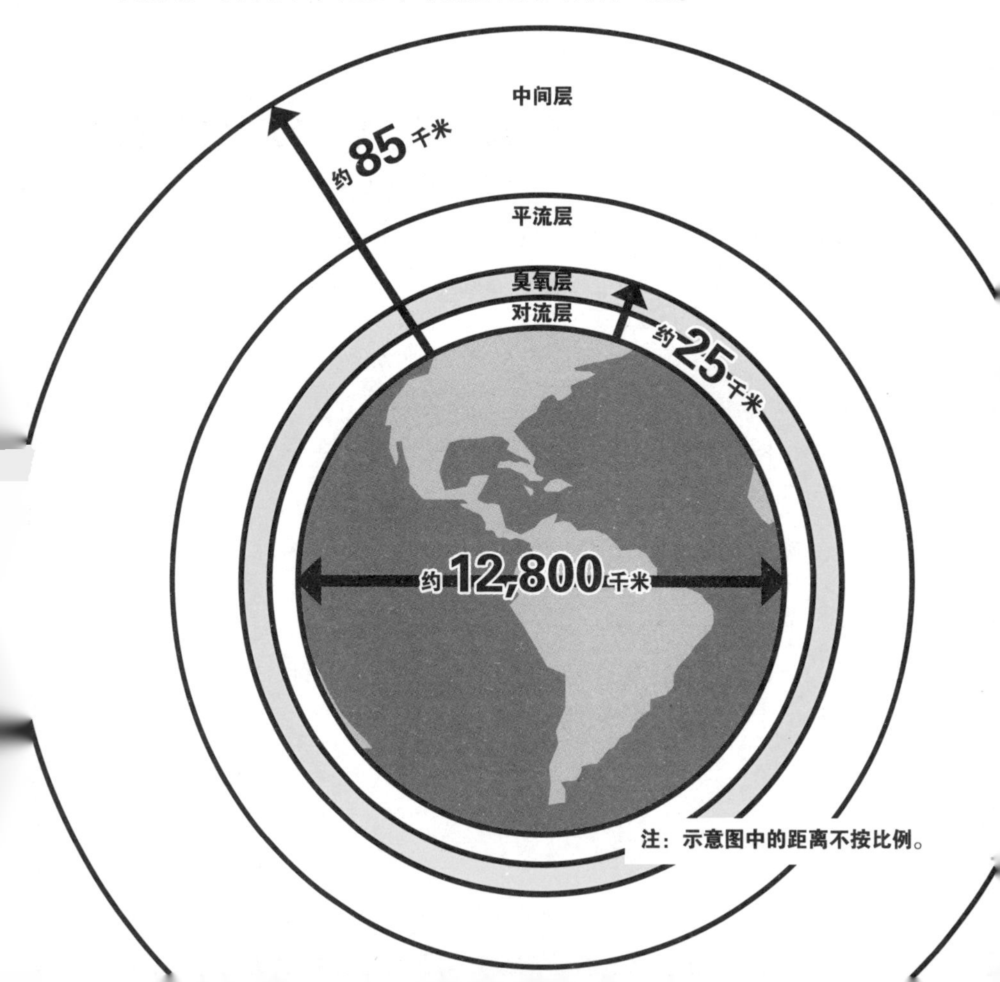

在这个离地面20~25千米的气层，因为空气受到太阳辐射中的紫外线激发，产生了大量由三个“氧原子”所组成的“臭氧”(我们所熟悉的氧气乃由两个氧原子组成)，正是这些臭氧，起着吸收和阻隔紫外线的作用，令抵达地球表面的紫外线强度大减。(顺带一提的是，我们乘坐长途客机往外地时，之所以大部分时间都晴空万里，是因为我们身处的高度，已经在包含着天气变化的对流层之上。)

科学家的分析显示，臭氧浓度下降的结果，是地面的紫外线强度上升，最大的影响是皮肤癌病发率上升！而眼睛出现白内障的机会亦大增！不是危言耸听，没有了臭氧层的保护，不单人类，地球上大部分的生物都会因此而遭殃！

那为什么会出现臭氧洞?

人工化合物惹的祸

科学家的研究发现，南极臭氧洞原来早于上世纪70年代便已出现，元凶是从那个时代开始被广泛使用的一种人工化合物“氯氟化碳”(chlorofluorocarbons，简称“CFCs”)。这种又称“氯氟烃”或“氯氟碳化合物”的产品，是一个系列的化合物，它的多种用途包括作为制冷设备(如空调、电冰箱)中的冷凝剂(商用名称是“氟利昂”，Freon)、压缩喷雾装置(如喷发胶、空气清新剂)中的液态载体，它也是发泡剂(styrofoam)的成分之一。

然而，这些化合物一来极难于自然界中分解，二来在散逸至大气高层之后，会严重地破坏臭氧。在南极上空极低温的环境加上大气环流的配合之下，这种破坏遂产生了臭气浓度极低的臭氧洞。(留意臭氧洞内的空气密度其实与外面的一样，只是空气中的臭氧比例偏低罢了。)

不久之后，科学家连在北极上空，也有类似的发现！（虽然臭氧消失的程度没有南极那么严重。）

有见于这种变化带来的危害，自1987年的《蒙特利尔议定书》（*Montreal Protocol*）签署以来，各国政府都逐步禁止氯氟化碳的使用，而两极的臭氧洞亦已稳定下来没有进一步扩张。但按照科学家的推算，南极臭氧洞要完全消失，最快也是本世纪下半叶的事情。

防晒功夫不可少

紫外线固然可以为我们带来古铜色的漂亮肤色，但长期曝晒肯定对身体有害无益。要降低紫外线带来的伤害，我们应该尽量避免长时间暴露于烈日之下。若无法避免，则必须做好防晒措施，包括撑伞、戴帽、戴太阳眼镜和经常涂防晒霜等。

至此，大家应该明白天气预报为何要包括“紫外线指数”了吧！

见不得的光

——紫外线暗地里发挥了什么作用?

本篇再来多谈一点紫外线。你有亲眼见过紫外线吗? 请千万不要答“有”! 因为这会显示你严重缺乏科学常识! 为什么? 因为紫外线是肉眼无法看得见的。

稍微有点物理学常识的读者都应该知道，肉眼可以见到的光线[称“可见光”(visible light)]，其实是一种由“电磁场振荡”(electromagnetic field oscillation)所产生的“电磁波”(electromagnetic wave)。但电磁波所涵盖的波段，却远远超出可见光的范围。

看不见的光谱

牛顿于1666年以一块玻璃棱镜(prism)把太阳的白光分解为“红、橙、黄、绿、青、蓝、紫”七色，我们称为“太阳光谱”(solar spectrum)。之后的科学家发现，原来在光谱那红色的尽头以外，还有一种肉眼看不见的辐射，即“红外线”(infra-red ray)，而在光谱的紫色尽头以外，也同样有我们看不见的“紫外线”。

一个基本的认识是——太阳光谱中的红光，其波长(wavelength)最长(约1毫米的万分之七)，而频率(frequency)和能量则最低。向着紫色那端移动，波长会变得愈来愈短，相对于其他颜色(物理学术语是“波段”或“频谱”)，紫光的波长最短(约1毫米的万分之四)，而频率和能量则最高，这也说出了紫外线具杀伤力的因由。

前文提及太阳照射出来的紫外线对人体有害，不过聪明的人类经过科学分析之后，又分别好好地利用了红外线及紫外线。例如我们家中的电视机遥控器，就是应用了红外线来感应开关；至于本身具有杀伤力的紫外线，人们则用来杀菌，银行又会用来验证钞票。

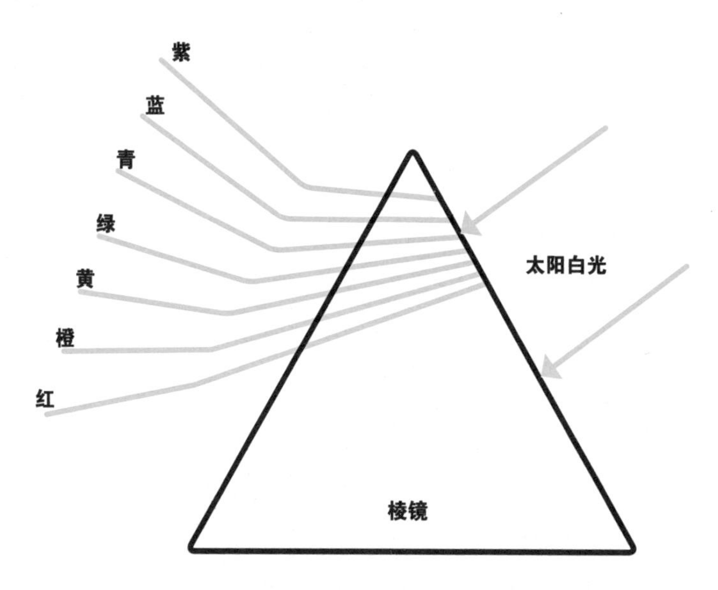

▲经棱镜折射，太阳白光可分解为“红、橙、黄、绿、青、蓝、紫”七色，但红光和紫光两端以外，其实还有肉眼看不见的红外线和紫外线。

紫外线杀菌原理

原来高能量的紫外线能够令细菌核心的脱氧核糖核酸(DNA)断裂，使细菌无法复制繁殖及合成主要的蛋白质，最后衰变死亡。以往紫外线消毒多数用于医院，近年来一种专门设计给家居使用的“紫外线杀菌灯管”开始流行，制造商标榜这种装置不单可以杀菌，更可洁净空气、饮水，除尘和灭蚊等。多年前，不少家庭已经颇为流行使用以紫外线消毒的“碗筷消毒柜”。

慎用紫外线消毒家居

虽说紫外线已被应用于家居杀菌，但必须指出的是：

(1)紫外线会严重伤害眼睛，故使用这种杀菌灯管时必须十分小心；

(2)紫外线的杀菌能力与它的辐射强度有关，而这个强度又和距离有关，简单地说，如果距离不够近，便可能达不到灭菌的效果；

(3)制造商的声称往往有夸大成分，我们千万不要以为有了这种先进杀菌的手段，便对家居的清洁卫生掉以轻心，结果弄巧成拙；

(4)这些灯管是有寿命的，它效力衰减时我们不及时替换的话，结果也可能适得其反。

紫外线验钞原理

最后也在此指出一点，紫外线之所以可用来检验钞票的真伪，是因为它可令一些用隐形油墨印制的图案和字样显现出来（即发出可见光）。

还记得本文开始时问过的问题吗？——“你有见过紫外线吗？”

或者你会疑惑，当我们使用验钞机时，不就是会看见紫蓝色的灯光吗？但请不要误会，原来这种紫蓝色灯光，乃是由验钞机器发射紫外线时所产生的副产品而已，并非紫外线的真身。真正的紫外线，始终是我们人类肉眼不可能看得见的！

▲以港币伍佰元为例，验证真伪的其中两处，是留意左下角及右边逐渐变大的号码，于紫外光下发出荧光红色。

无处不在的电波

——日常应用的无线电波对人体有害吗？

以“X 射线”（俗称“X 光”）透射人体的技术，为医学诊断带来了一场革命。但大家可能也知道，这种射线对人体有害，所以不能照得过密。而怀有胎儿的女性，更应避免受到照射。

电磁波的波长与能量

略懂物理学的朋友都知道，X 光和紫外线、可见光、红外线、微波、无线电波等一样，都是“电磁波”（electromagnetic wave）的一种，而这些波的能量，和它们的波长（wavelength）成反比。

由于紫外线的波长较可见光的短，而 X 光的波长又较紫外线的短，所以紫外线的能量比可见光强，而 X 光的能量又比紫外线强。正因如此，紫外线可以用来杀菌，而杀伤力更强的 X 光则必须更小心地使用。至于波长更短的核辐射“伽马射线”（gamma ray），我们更是应该避之则吉。

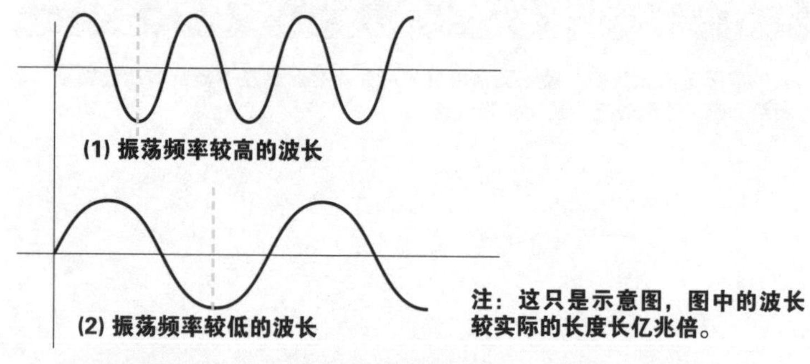

▲ X 光的波长（上）较紫外线的波长短（下），故有更大的杀伤力。

这样看来，波长较可见光的长的电波，如红外线、微波、无线电波等，在能量上较可见光的低，所以应该十分安全，对吗?

答案是：既对又不对。

之所以对，是因为由于能量较低，它们大部分对人体并不构成伤害，并且已经被广泛应用到日常生活之中（例如：红外线遥控器、电台广播、互联网无线网络），以致我们今天乃生活在一个充斥着各种电磁辐射的“电波海洋”之中。

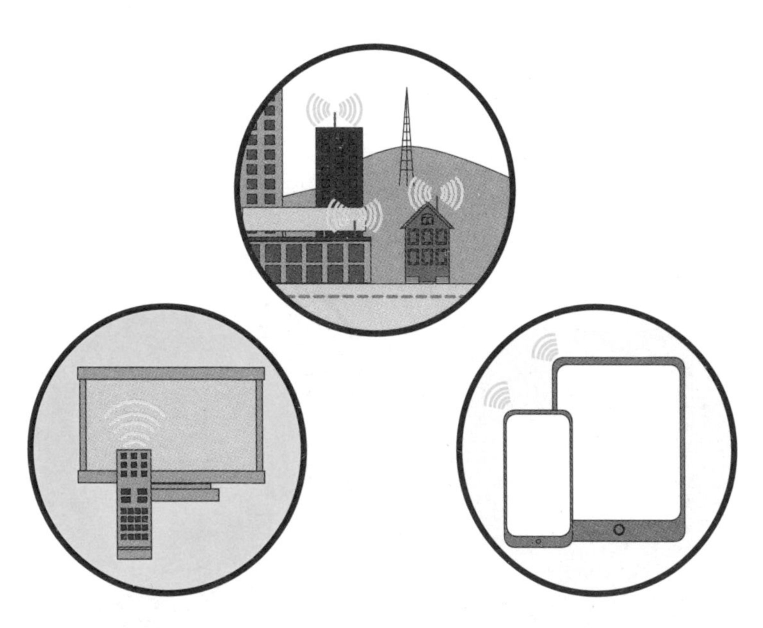

▲我们今天生活在一个各种电磁辐射无处不在的“电波海洋”之中。

之所以说不对，是因为某些这类的电波原来可以和物质中的一些成分发生特殊作用，从而产生有害人体的结果。各位是否知道在家中便很可能有这样一种电波的产生器？

笔者所说的，是今天不少家庭都拥有的微波炉（microwave oven）。

安全使用微波炉

微波的波长比可见光长，能量的确比较低，但原来它的振荡频率（oscillating frequency），刚好和水分子的振荡频率相近，令能量很容易被食物中的水分吸收，这正是微波炉可以将食物加热甚至煮熟的原理。

▲微波炉的振荡频率和水分子的振荡频率相近，因此电波能量很容易被食物中的水分吸收，这正是微波炉能将食物加热的原理。

微波炉刚推出时，确有不少人担心如果辐射外泄会影响健康。但研究显示，微波炉的设计可以将绝大部分辐射屏蔽起来，所以不会对人体造成威胁。但即使如此，不少人都指出我们在使用微波炉时，应该与它保持一定距离，以降低不必要的风险（因为屏蔽作用可能日久失效而下降）。

与电波保持距离

微波除了用于煮食之外，还被广泛应用于雷达（radar）侦测和通信，虽然所用的波段（即波长或频率）与煮食的微波有所不同，但笔者记得多年前在天文台工作时，一众负责电子工程的同事都跟我说，尽量不要站在无论是发射还是接收的大型碟形天线之前，以免受到过量微波的照射。

“那么能量更低的广播用无线电波应该没有问题了吧？”你可能会说。的确，从来没有任何证据显示充斥各处的电台广播的电波对人体有不良的影响。但上世纪下半叶有过一段时间，人们担心输电用的高压架空电缆所发出的超低频率无线电波（虽然能量十分之低）会诱发癌症，特别是导致儿童出现血癌。笔者记得多年前旅居澳大利亚悉尼时，与一位同样移居悉尼的前同事谈起买房子的问题，他说曾经看中一幢非常合意的房子，却因为附近有高架电缆而被迫放弃。其实科学界的研究从来找不出超低频电波和血癌病发率之间的关系，但人的心理作用往往是无法克服的。

近年来最惹人关注的，自是手机和无线网络（Wi-Fi）对人体的影响。大部分研究都指出有关的电波对人体无害，但一些人则报称长时间用手机引致头痛。无论如何，晚上充电时把手机放远一点即使没有科学根据，但睡得安心点又何乐而不为？

“肤”之欲出
——人体最大的器官是哪一个呢？

如果要你猜的话，你认为人体最大的器官是哪一个呢？心脏、大脑、胃、肺、肝、大肠？都错了！

人体最大的器官，是一般人都不会把它当作器官的，那就是——皮肤。

对身体器官的误解

不错，皮肤的确是我们身体的一个器官。它的结构复杂，而且功能十分重要。简单而言，它是保护我们不受外界侵害的第一道防线！

一般人不把它看成为器官，那是因为我们以为器官必然是被我们的身体包裹着的。其实只要想想便知这个观念是错误的。我们的眼睛、鼻子、耳朵和生殖器官等，都有很大部分暴露在外。皮肤较为独特，是因为它基本上完全暴露在外。

皮肤有多大？

究竟皮肤这个器官有多大？按照科学家的计算，一个正常成年人的皮肤，总面积可达 2 平方米之多！如果将这个面积当作一个球体的面积来看，那么这个球体的直径将达 80 厘米。

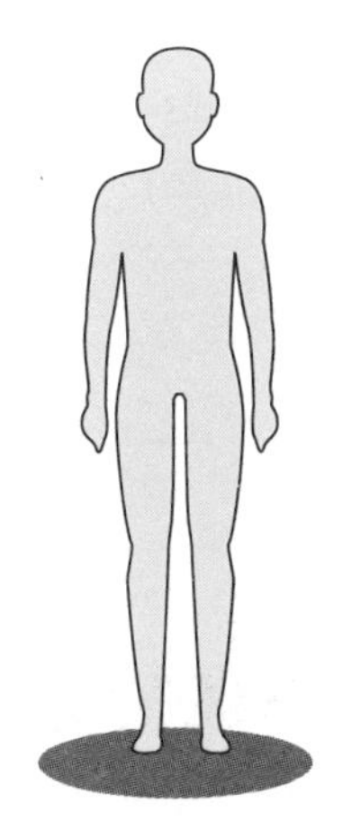

◀人体皮肤面积约 **2** 平方米

= 一个直径 **80** 厘米的球体面积

皮肤有多厚?

那么皮肤的厚度又如何呢？原来我们身体各处皮肤的厚度并不均一，最薄的是脸皮，特别是眼部附近的，只有 0.5 毫米左右；而最厚的一般在手脚上，特别是脚跟那儿的，可达 4~5 毫米。当然，动物的皮往往较人类的厚得多，例如犀牛的皮便可达 50 毫米，而我们用的很多皮革制品都来自牛皮和羊皮，它们一般都有数毫米厚。

◀一个人不同部位的皮肤厚度：

脸皮（特别是眼部附近）**0.5** mm，

手脚（特别是脚跟）为 **4~5** mm。

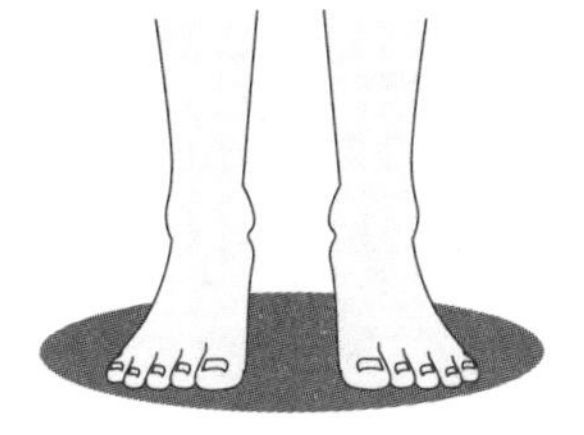

皮肤的结构

不要以为皮肤就只是包裹着我们躯壳的一层物质，它其实拥有复杂的结构。人类和其他哺乳动物的皮肤，都分为“表皮”（epidermis）、“真皮”（dermis）和“皮下组织”（hypodermis）三层，而密集的“供血网络”、“淋巴网络”（lymphatic network）和“神经末梢”（nerve ending）则贯透于三个层次。另外，一些附属结构，如指甲、毛发、汗腺等，都是皮肤的一部分。而“毛囊”（follicle）和“乳腺”（mammary gland），则是哺乳动物特有的两个构造。

皮肤的功能

通过这些结构，皮肤起着防止身体受损、阻碍细菌入侵、保存水分、调节体温（通过排汗作用）、以触觉（sense of touch）感知外部世界（冷热、软硬、粗滑等），以至为初生幼儿提供营养（乳汁）等的重要作用。

皮肤受伤怎么办？

作为身体的第一层保护，皮肤当然会受到损伤。如果伤口轻微的话，身体可以自行产生“胶原蛋白”（collagen）和“纤维蛋白”（fibroblast）等去修复（结疤）。但假若伤口太大，就要进行植皮手术，最常见的是将身体健康部位（如臀部）的皮肤移植过去（健康部位在悉心料理下可自我复原）。由于大面积的皮肤伤害在火灾里很常见，因此世界各地对皮肤替代品的需求也很大。

由于皮肤表面布满了神经，无论是被火烧伤、被高温液体烫伤或是被腐蚀性液体灼伤等所引致的痛楚，是所有创伤中最大的。而即使经过治疗，我们防御疾病感染的能力也会大大下降。所以，大家必须好好保护自己的皮肤（包括不要长时期暴露在烈日之下），以让它能好好保护身体。

关于不同肤色的人种

最后想和大家谈谈肤色的问题。世界上不同地区的人有不同的肤色，这是因为经历了漫长的演化，皮肤因为不同的日照强度（主要是其中具杀伤性的紫外线）而产生不同的“黑色素”（melanin），以对我们的身体起着保护的作用。

人类曾经以不同的肤色判定一个人的高低贵贱，甚至据此产生歧视和迫害，这是全无科学根据也有违道德的！这种观念应该被抛进历史的垃圾堆！

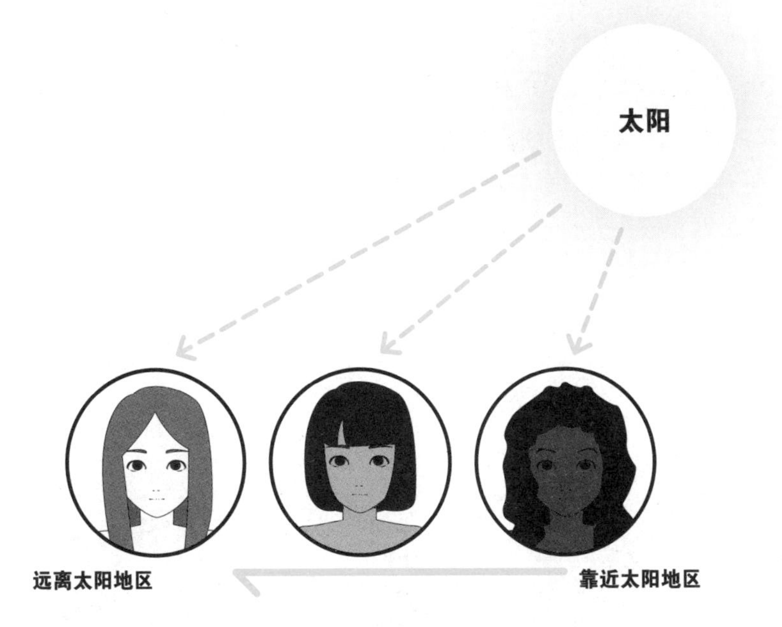

▲不同地区的人有不同的肤色，是因为皮肤在不同的日照强度下，产生不同的“黑色素”来作保护。

吃不吃的疑惑
——细菌与抵抗力

大家有没有想过，如果我们不小心把一片面包（或其他食物）掉到地上，但我们眼明手快立刻把它拾起来，那么这片面包是否还可以进食？抑或它已经沾满了细菌（bacteria，单数是 bacterium），而不适宜食用呢？

拥有科学头脑的你，可能立刻想到，答案当然由——“地面有多肮脏？”“面包跟地面接触的时间有多久？”“我们的抵抗力有多强？”等多方面的因素而定。

▲噢！面包掉到了地上，还吃不吃？

环境因素的考虑

不错，家中刚清洁过的地板和菜市场的地面的清洁程度，显然大为不同！而非洲村庄一个小童把面包拾起吃后可能什么事也没有，但同一片面包我们吃了却可能要进医院！

上述这个问题的一个要点是，面包和地面接触的时间尽管十分之短，它会否已沾有细菌而不能吃呢？

外国一些科学家真的做过这样的实验！结果显示（猜到了吗？）——即使面包只是掉在家中的地板之上，而接触的时间亦只有零点几秒，面包亦会因此而沾满了细菌！

个人体质的考虑

当然，我们进食后是否会生病，这确实跟各人本身的抵抗能力有多强有关。一个简单的常识是——幼儿和老年人，以及正在生病的成年人，都绝不应该冒这个险！但若是健壮的成年人，则要由你自己在“浪费食物”和“健康风险”之间来作判断了。（吃了生病的话可千万不要算到笔者的头上啊！）

其实在此想说的是，细菌实在无处不在。我们之所以不是每天都生病，是因为一方面我们拥有免疫力（抵抗力），另一方面则因为并非每一种细菌都有很高的致病性。

但事实是，在“抗生素”（antibiotic）尚未发明之前，而人们居住的卫生环境总体要比今天的恶劣的漫长历史里，大部分人一生中都经历过受细菌侵袭而生病的痛苦，不少甚至因此而丧命！[有关抗生素的发明和使用状况，之后的文章（第89—91页）会有更详细的讨论。]

常见细菌的杀伤力

即使到了医学发达的今天，我们仍然不能对病菌掉以轻心。

好了，现在就让我们扼要地看看，什么细菌威胁着我们的日常生活?

基于细菌在显微镜下的形状，科学家最初把细菌大致分为“球菌”(coccus，复数cocci)、“杆菌”(bachillus，复数bachilli)和“螺旋菌”(spiral bacteria)几大类，虽然今天的分类更为精细，但这个粗略的划分仍然广被采用。

·球菌

首先，让我们看看球菌。球菌又分为“单球菌”、“双球菌”、“链球菌”和“葡萄球菌”等多种类别。

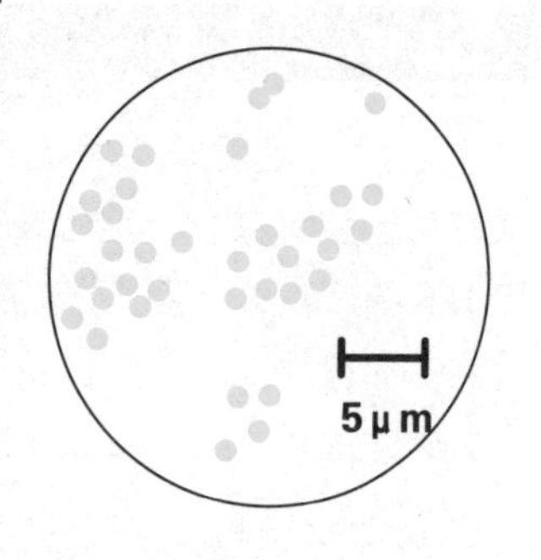

我们常常听到的“金黄色葡萄球菌”(Staphylococcus aureus)，是很多发炎和脓肿性疾病的致病源，其中包括皮炎、鼻窦炎、尿道炎等。由于人们在过往不当使用抗生素，一部分病菌已经产生了很高的“耐药性”，对治疗造成一定的困难。

另一种常见的球菌，是“肺炎链球菌”(Steptococcus pneumoniae)，这是引致中耳炎和肺炎的常见病原体，如入侵脑膜会引致脑膜炎，入侵血液会引致败血病，所以是一种非常危险的细菌。

·杆菌

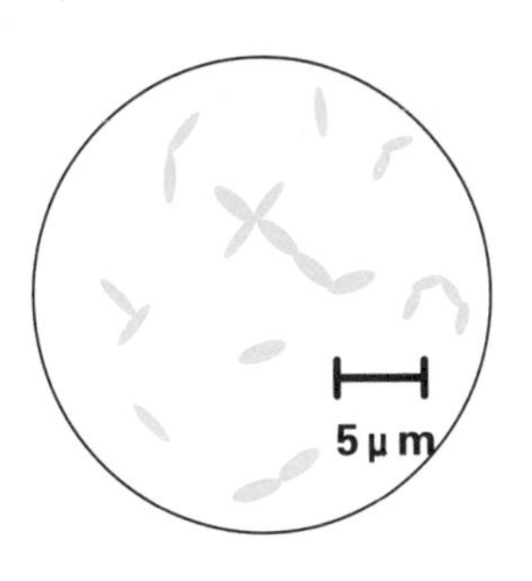

在杆菌方面，最普遍的必然是“大肠杆菌”(E. coli)。

这种细菌大量地以共生(symbiosis)的形式寄居于我们的肠道之中，并与我们关系良好。但我们若在环境中（如通过粪便和生肉）接触到它，则很容易引致腹泻、呕吐、发烧等食物中毒症状。

食物中毒背后一个更大的“黑手”，是“沙门氏菌”(Salmonella)，这种细菌最易滋生于鸡蛋外壳、奶制品、肉类、家禽与家畜身上，由于受污染的食物很难从外观上辨识，所以很容易误食而患病。

·螺旋菌

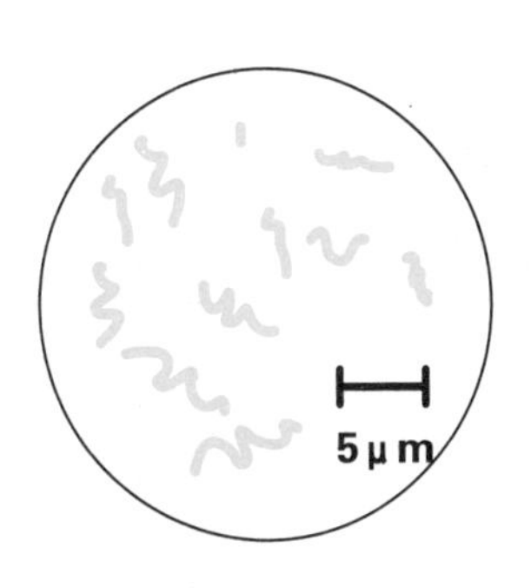

在螺旋菌之中，“幽门螺旋菌”(Helicbacter pylori)是胃炎和胃溃疡背后的元凶。

另一种与性行为有关的疾病“梅毒”(syphilis)，则是由一种“梅毒螺旋菌”(Treponema pallidum)所引致，这种疾病过去很难医治，但自抗生素发明以来，已受到很好的控制。

人形细菌壳
——附在人身体上的细菌可怕吗？

如果我说，地球上为数最多，以及整体质量最大的生物，原来是我们肉眼所看不见的东西，你是否会以为我在胡扯？但这却是千真万确的事实。

笔者在这里所说的，不是什么懂得隐形的林中仙子或独角兽，而是在上篇已讨论到的、只能通过显微镜才看得见的细菌。

按照科学家的研究，细菌是地球上最初的生物，约于 38 亿年前便已出现（地球形成是 46 亿年前的事）。“病毒”（virus）虽然较细菌原始，但科学家相信，病毒其实是由远古的细菌“退化”而成的，所以出现的时代较细菌晚。

数之不尽的细菌品种

地球上细菌的总数究竟有多少？上篇只提到其中常见的几种，事实上科学家至今仍未有完全肯定的答案。这是因为过去数十年来，科学家不断在一些之前以为无法有生命存在的地方发现了生命力极其顽强的细菌品种，这些地方包括十分严寒、高温、高压和酸、碱度甚高的环境，例如冰层底部、火山、温泉、地层深处和深海底部等。科学家为这些生物起了一个名称为“嗜极生物”（extremophile）。

考虑到细菌的无处不在，一些科学家估计，地球上所有细菌的总质量（活动范围可延伸至地下达 3,000 米深），有可能较所有动、植物加起来还要大！

附在人身体上的细菌

还有一点可能令大家惊讶（也惊吓）的是，无数的细菌正生活在我们每一个人身上！其中一部分在皮肤之上，更多则在我们的体内。

科学家曾经指出，如果我们能够好像魔法一般把人体突然从半空中移走，则有一刹那，半空中仍会留下一个人形的“外壳”兼“内壳”，其成分正是各式各样的细菌！（大家是否已经浑身起了鸡皮疙瘩呢？）

“那么我们不是应该一早便已病倒了吗？”你可能会问。这儿我们必须弄清楚两个常识——

第一，不是所有细菌都会致病的。

第二，即使有些细菌的确会致病（这些我们称为“病菌”），我们健康的身体拥有强大的免疫系统（immunological system），所以除非病菌十分强悍而我们的身体又有所损伤或免疫力下降的话，否则我们大部分时间也可将这些病菌摒诸门外，而它们即使进入了我们的体内，也会一一被歼灭。

有益的细菌

当然大家亦有听过“益生菌”这个名称。原来一些细菌如“乳酸菌”（lactic acid bacteria）和部分“酵母菌”，不但不会致病，而且还有益于我们的健康。

其中大部分这些“益生菌”（正式的学术名称，英文是probiotic）居住在我们的肠道之内，它们可以帮助我们消化食物、抑制腐败菌的产生、制造维生素，以及促进钙的吸收等。

微生物界的白老鼠
——大肠杆菌既有益又有害

我们最常听见也最使人困惑的细菌，必然是“大肠杆菌”(E. coli)，这是因为这种细菌一方面大量居住在我们的肠道中，是一种“益生菌”，另一方面它有不同的品种（学名是“株”，英文是 strain），而其中不少是可以致病的。我们吃了不洁净的食物会引致食物中毒，这背后的元凶，往往就是大肠杆菌。

一体两面的细菌

让笔者再一次告诉大家——就在这一刻，过千亿的大肠杆菌，正在你的肠道里繁忙地活动！

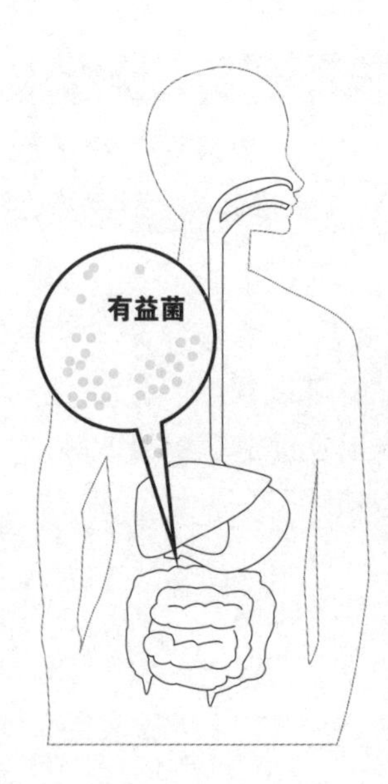

但大家不用惊慌。因为这些在人体内的大肠杆菌不但不会令我们生病，相反还会帮助我们消化食物中的某些糖分和蛋白质，并且帮我们制造维生素 K 和 B 复合群（Vitamin B–complex）等有益的物质。

在漫长的生物进化过程中，我们（以及大量其他动物）都已经跟这种细菌形成了一种“互惠共生”(symbiotic)的关系。事实上，人体的肠道中，还有很多这类互惠共生的细菌，只是大肠杆菌最易被我们所研究，因此亦最为人所熟悉。

大肠杆菌的害处

虽然我们的肠道中已经居住了大量大肠杆菌，但这种细菌对我们还是具有威胁性！

刚才也提到，大肠杆菌有很多不同的种类，其中一些会释放毒素（例如一种叫 O_{157}：H_7 的品种），在饮食时，如果我们不慎吃了，便会引致食物中毒，轻则导致上吐下泻，重则导致死亡（特别是对于抵抗力较弱的小孩和长者而言）！

邪恶的大肠杆菌身藏何处

有害的大肠杆菌最常出现的地方，是在我们（包括人类和禽畜）的粪便，以及在恶劣的卫生环境中，受到这些粪便所污染的食物和饮水。

在先进发达的富裕国家，这种污染一般很少出现，但世界上有不少贫困落后的地方，人们的健康每天都受着这些污染的威胁。（话虽如此，2011 年 5~6 月期间，德国爆发了一起大肠杆菌的感染事件，近四千人受到感染，共五十三人不幸死亡！研究显示，感染来自德国南部农场所生产的蔬菜，而源头则是由埃及输入的种子。）

就日常生活习惯而言，避免大肠杆菌的感染，最重要的当然是如厕后和进食前必须洗手，饮用水必须烧沸，食物也必须要煮熟才可进食。

而一些标榜可以生吃的肉类如日本刺身等，除了要确保新鲜和卫生外，还必须在预备好之后尽快进食，以免在室温待着的时间久了，细菌便开始大量滋生。

可饮用的水质标准

在国际公认的标准中，我们从水中随机抽取每一百毫升也找不到一只大肠杆菌的话，水质才算适合人类安全饮用。要达到这个标准，我们可以用“氯气”（chlorine）等消毒剂，或通过强烈的紫外线照射来把细菌杀掉。

微生物世界的白老鼠

最后值得一提的是，大肠杆菌既常见又易于培养，因此过去大半个世纪以来，被大量地用于各种科学研究上，近年来更广泛地应用于遗传工程学中的基因改造研究。

可以这样说，很多人一想起生物学研究，便会想到实验室里的白老鼠，但在肉眼看不见的微生物世界，大肠杆菌的地位，与白老鼠可谓不遑多让！

医生也滥用药?
——抗生素带来的生机与危机

想必大家都听过“抗生素”(antibiotic)这东西，甚至曾经在抱恙时按医生的指示服用。大家亦可能有印象，医生开药时皆郑重地叮嘱：“无论病情如何好转，都必须把药吃完，不能半途而止！”

那么抗生素究竟是什么药物?为什么它的服用有这样严谨的规定呢?

抗生素的发现

有一点可能令大家惊讶的是，人类的医学少说也有数千年的历史，但抗生素的出现，至今还不足一百年！

话说1928年，英国生物学家亚历山大•弗莱明(Alexander Fleming)在伦敦大学进行微生物学的研究，在实验室里培养了大量的“金黄色葡萄球菌”(Staphylococcus aureus)，而他于夏天回乡度假时，没有把玻璃培养盘(petri dish)妥善盖好。结果，到9月初他返回实验室时，发现这些细菌已被一些“霉菌”(mould)所污染。

“霉菌”是什么?它是一种十分普通的“真菌”(fungus)，如我们把面包放得太久便会“发霉”，而那些“霉”就是“霉菌”。

弗莱明的第一个反应，当然是要把受污染的葡萄球菌扔掉！不过幸好他这样做之前有了一个发现，而这个意外的发现，之后拯救了千百万人的性命！

霉菌与金黄色葡萄球菌

弗莱明究竟发现了什么？原来他发现在霉菌的周围，皆没有金黄色葡萄球菌的生长。他即时想到，这必然是因为霉菌分泌出一些物质，而这些物质有杀菌的作用。他后来把这种物质提炼出来，并称之为“盘尼西林”（penicillin，来自于有关霉菌的学名 Penicillium，即青霉素）。就是这样，应用抗生素的时代开始了。

而差不多在同一时间，德国科学家格哈德·多马克（Gerhard Domag）发现了经人工合成的“化合物磺胺”（sulfonamide）可以用来杀灭细菌。于是，一下子人类找到了对付细菌的两大方法！

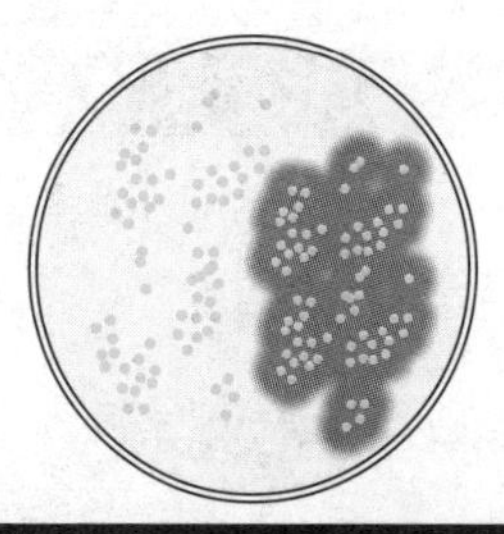

◀霉菌分泌出“盘尼西林”，可杀死金黄色葡萄球菌。

抗生素的诞生

今天，我们把杀灭细菌的药物统称为“抗生素类药”（antibacterial），包括了如磺胺等合成或半合成的药物，也包括青霉素等从微生物（包括细菌和真菌）所提炼出来的药物。过往我们只是把后者才称为抗生素，但今天我们已经不作严格的划分了。

抗生素的出现，刚好赶及人类史上最大规模的战争——第二次世界大战。无数战场上受伤的人因此得以获救！接下来，不少千百年来困扰着人类的疾病，也逐一受到控制甚至被消灭。人类的医学进入了一个新纪元！

应用抗生素须知

但有两点我们必须知道。第一点是人类疾病的致病源除了细菌（bacteria）之外，还有病毒（virus），如伤风、感冒、严重急性呼吸综合征（SARS）、艾滋病等，便是由病毒所引致，而抗生素对病毒却是无能为力的。

至于第二点，就是经常大量使用抗生素的话，一方面会损害身体内正常的细胞，由此降低人体本身的免疫能力；另一方面，则会令细菌产生“抗药性”，令抗生素的药效不断下降。

切勿滥用抗生素

那么用药加重一点又可行吗？

如果我们不断加大抗生素的使用量，这只会造成恶性循环，最后得不偿失。医生必须要我们把处方的抗生素吃完，正是因为必须保证把细菌杀光，否则它们便有机会死灰复燃，变得更难医治。（近年来，医学界就服用抗生素便必须完成一个五天甚至七天的疗程提出质疑。一些学者指出，如果病情很早便出现好转，三天的服用已经十分足够。相反，如果三天内也没有明显好转，我们便必须考虑换药。）

在今天，抗生素不但应用在人类身上，更大量地应用到通过工业化培养（又称“集约式饲养”）的畜、禽（如猪、牛、羊、鸡）之上。世界卫生组织（WHO）对这种趋势已作出了严重的警告——直接或间接吸取过量抗生素，会带来巨大的健康风险；而抗药性的不断提升，会令人类终有一天再无药可用，届时我们又将回到面对细菌侵害时束手无策的境地！

力挽狂澜、刻不容缓
——迫在眉睫的全球暖化危机

你知道近年来香港出现的极端天气现象吗？在 2014 年 3 月，出现暴雨和冰雹袭港，商场天幕破裂，导致雨水如瀑布般下泻！到了 5 月上旬，天文台发出“黑色暴雨”警告，香港多处出现水涝，其中包括红勘海底隧道和港铁大围站的大堂。这些现象都是港人以往难以想象的。

但更极端的天气还在后头。2016 年初，香港市区的气温在寒流侵袭下跌至多年未见的 3 摄氏度；大帽山顶更因广泛结冰而令众多人受困，后来出动数十名消防员协助才可脱险。同年 7 月，在热浪影响之下，港九新界的气温普遍达到 37 摄氏度，而跑马地更达到 37.9 摄氏度的骇人高温。

2017 年，一场超级暴雨在短短数小时带来 300 毫米的降雨量，等于香港年平均降雨量的八分之一。

极端天气趋势

天气变化当然有它的自然波动成分，但我们若放眼全球，并认真考察过去数十年的极端天气事件，便会发现在自然波动的背后，实则已经出现了一个明显的趋势——

在温室气体排放的不断增长下，全球的温度正不断上升（过去一百年已经上升了 1.2 摄氏度）。这种升温，不但令全球高山冰雪急速融化和北极海冰锐减，亦导致天气严重反常，令极端天气变得愈来愈频繁。这一结果，既来自实际观察，亦来自最先进的电脑模拟演算。按照如今的趋势，我们现在所见的，只不过是接踵而来的灾难性天气的前奏而已。

全球暖化全人类都要知

上世纪末，研究全球暖化如何导致气候异常的科学家，主要来自西方［例如在 1981 年最先发表论文引起人类关注全球暖化的詹姆士・汉森博士（Dr. James Hansen）］。近年来，这个问题也已引起了我国学者的密切关注。

气温异常变化记录

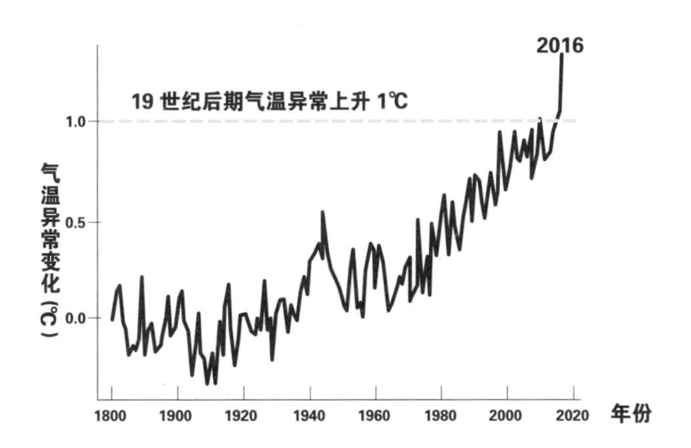

◀温室效应令北极海冰锐减，危害北极熊生存环境。

研究结果显示，未来数十年间，每年“热夜”(日最低气温 28 摄氏度或以上)的日数和“酷热”日数 (日最高气温 33 摄氏度或以上)会显著增加；而每年冬季的“寒冷”日数 (日最低气温 12 摄氏度或以下)则会显著减少。

▲未来数十年间，每年“热夜”（日最低气温 28 摄氏度或以上）的日数和“酷热”日数（日最高气温在 33 摄氏度或以上）会显著增加。

在降雨量方面，全年降雨量至本世纪末预计会有较大幅度的上升，但更大的影响不单来自降雨量的上升，更来自降雨的强度。

研究显示，更多的雨水将会集中在更短的时间内下降，即超强暴雨出现的机会愈来愈大。在一些人烟稠密和到处都是斜坡的地方，严重的山泥倾泻的风险将会愈来愈高。

▲至本世纪末，全年降雨量预计会有较大幅度的上升。

对气候变迁的探讨

·《气象万千》

过去多年来，香港天文台曾多次与电台合作，摄制名叫《气象万千》的资讯节目，以推广气象学和有关香港天气的知识。有感于气候灾变的迫切性，《气象万千》也选取了“气候变迁”作为主题，并由天文台前助理台长梁荣武主持。节目制作非常认真，主持人与摄制组远赴世界各地，以不同的角度揭示全球暖化的深远影响。在今天这个网络时代，即使大家错过了也不用担心，因为随时可以上网重温。

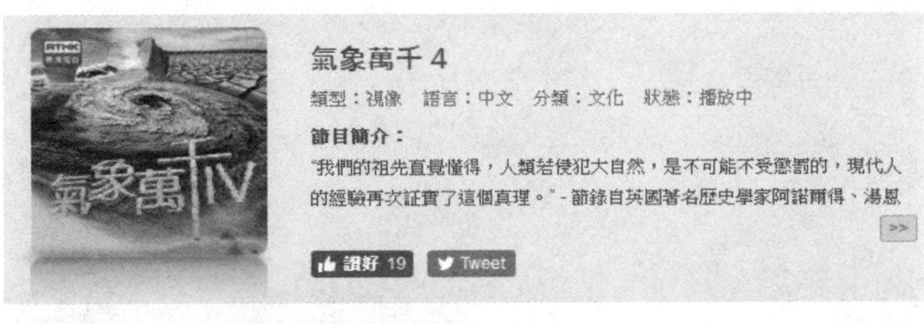

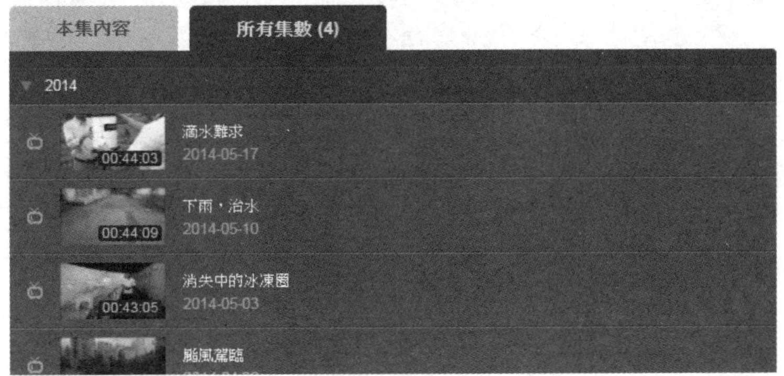

▲《气象万千》节目

·《 ± 2℃》

数年前，台湾的广告人孙大伟及媒体工作者陈文茜也推出了第一部有关台湾气候变迁的纪录片，该纪录片取名《 ± 2℃》，源自哥本哈根会议 (以及后来的巴黎会议)的结论，即是未来人类如果要生存，就必须将全球升温控制在 2 摄氏度以内。片中模拟台湾未来在全球暖化影响下的可能处境，也分析了台湾的各种 “先天不良，后天失调” 等问题。要了解全球暖化对人类的威胁，这部影片也实在不容错过!

▲《 ± 2℃》纪录片

外国有关的纪录片也很多，较著名的是美国前副总统戈尔（Albert Gore）于2006年制作的《难以忽视的真相》（*An Inconvenient Truth*）和2017年推出的续集《难以忽视的真相2》（*An Inconvenient Truth – A Sequel*）、由著名好莱坞影星莱昂纳多·迪卡普里奥（Leonardo DiCaprio）制作的《洪水泛滥之前》（*Before the Flood*），以及由美国国家地理杂志频道制作的两辑《多灾之年》（*Years of Living Dangerously*），其中第二辑的其中一集，访问了由笔者与友人创立的“350香港”环保组织，并报道了我们于2016年在尖沙嘴海傍的一次游行情况。

但大家如果想在最短时间内了解全球暖化危机有多严重，笔者极力推荐大家上网看一段名叫《惊醒，然后抓紧》（*Wake Up, Freak Out – then Get a Grip*）的短片，看后你便知道我们是如何一刻也不能拖延的了……

▲ ***Wake Up, Freak Out – then Get a Grip***

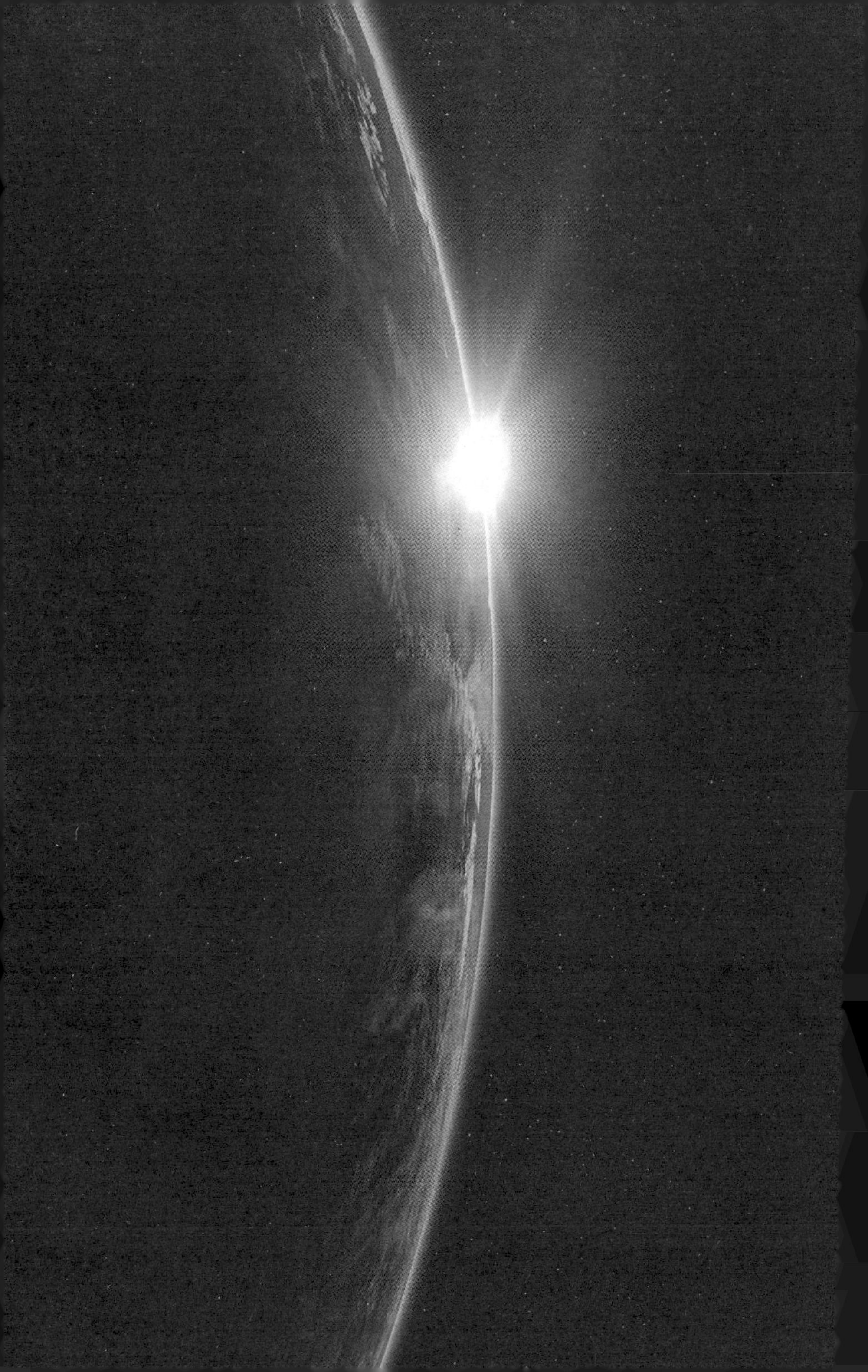

第2部

上天至下地的科学发现，你又知道吗？

地球认知篇

劫后重生

——地球生命的前世今生

大家可能听过“危机”这个词语中，实包含着“危”中有“机”的意思（虽然一些语言学家不认为原来的构词包含了这层意义），也更应听过“大难不死、必有后福”这种讲法。当然，我们不能以完全科学的态度来理解这些说法，毕竟这都是人类在面对无常的人生时，半主观和半客观地建立起来的一种自我安慰和勉励的看法与态度，是一种人生智慧多于自然规律。

然而，在生命大历史这个最宏观的层面，却也真的可以找到与上述说法颇为契合的重大例子。现在就让我们看看，在地球生命的漫长演化历程里，顽强的生命如何从一次又一次的灾劫中挺过去，并于浩劫余生后大放异彩。

陨星体撞击事件

我们现时所知的生命只存在于太阳系。但太阳系的起源，很可能便是一次宇宙灾劫所产生的结果。按照科学家的推断，孕育出太阳系的“原始星云”（solar nebula），极可能是受到一颗邻近超新星爆炸所产生的“冲击波”（shock wave）所影响，物质受到了挤压才开始出现“引力塌缩”（gravitational collapse）。塌缩形成了我们称为“太阳”的恒星，也形成了我们称为“地球”的家乡星球。

科学家的研究显示，地球形成至今最少已有四十六亿年之久。而我们在地层里找到最古老的生命遗迹，距今则约为三十八亿年。

最初，科学家一般认为生命要从无生命的物质演化而来，其间必定需要极其漫长的岁月。而另一方面，原始地球的表面环境必定十分恶劣，以致生命无法形成。

但近年来的研究改变了科学家的看法，科学家在研究太阳系的早期历史时，发现距今四十多亿到三十八亿年间，太阳系的内围曾经出现大规模和持续的“陨星体”（meteoroid）撞击事件。例如我们今天所见的月球和水星表面的众多“陨星坑”（crater），便正是在那个时候形成的。（地球上的撞击痕迹绝大部分都已被风化作用所湮没。）

留意上述这个天文学家称为“后期重轰炸时期”（Late Bombardment Period，又称“第二次大撞击纪元”）的结束时间，正好与地球上生命出现的时间（三十八亿年前）相近。不少科学家都相信，正是大碰撞的结束，才让生命可以在一个相对稳定的环境下茁壮成长。

撞击终止时，生命便立刻出现了吗？较合乎情理的推断似乎是——生命的演化一早便已出现，只是大撞击把绝大部分的演化成果摧毁，而撞击结束后旋即出现的原始生命，乃是劫后重生的一批幸运儿。

超级冰河时期

生命的另一个危机出现于二十多亿年前。由于一些单细胞生物“发明”了利用阳光以自我制造食物的“光合作用”，大气层中的氧气成分于是不断上升（原始大气中几乎不含独立存在的氧气）。对于当时的其他生命而言，氧气是一种带有高度腐蚀性的有害气体。科学家相信，大量的生物因而丧命，少数能够熬过这一灾劫并发展出“有氧呼吸”（aerobic respiration）的生物，却变得更为精力旺盛而成为今天主宰地球的动物界的祖先。

但在抵达今天之前，生命还要通过多重的考验。古气候学家的研究显示，约五亿八千万年前，地球开始进入一个“超级冰河时期”(Super Ice Age)。在这个被称为“冰封地球”

(Snowball Earth)的漫长岁月里，生命的存亡可说系于一线。

大约五亿四千万年前，地球开始从严寒中苏醒过来。不久，生命在春回大地的环境下不但重新茁壮成长，更推陈出新，演化成各种多姿多彩的动、植物品种。这便是古生物学中著名的“寒武纪大爆发”(Cambrian Explosion)事件。我们所属的“脊椎动物”(学名是“脊索动物亚门”)，便正是在这个时期出现的。

自“寒武纪大爆发”以来，地球生命还经历了五次重大的灭绝事件(mass extinction event)。而最后一次发生于六千五百万年前的“白垩纪大灾难”(Cretaceous Catastrophe)，更促使曾经统治地球达一亿五千万年之久的恐龙，步上灭绝之路。众多的证据显示，这次大灭绝乃是一颗直径不过 10 千米左右的陨石猛烈撞击地球的结果。

再一次，劫后余生的生物重新发展，并开启了动物界的“哺乳动物时代”(Age of Mammals)和植物界的“被子植物时代”(Age of Gymnosperms)。不久，哺乳动物中一族称为“灵长目”(Primate)的生物不断进化，最后成为今天的猿、猴和人类的共同祖先。

人类进化的历史已有数百万年之久，但农业和文明的起源(即新石器时代的开始)则只是最近一万年左右的事。科学家指出，过去数百万年地球经历了数十次“冰河纪”，而最后一个冰河纪的退却正是一万多年前的事情。也就是说，正如“冰封地球”的解冻迎来了“寒武纪大爆发”，最后一个冰河纪的消退，则迎来了人类文明的跃升。

生命，总是在磨炼中前进。

上穷碧落下黄泉
——“天高地厚”的科学

“天有多高？地有多厚？”差不多是我们每个人儿时都会提出的问题。今天，稍微有科学常识的人都知“天”是无尽的，因为离开了地球便是无尽的太空。而至于“地”，最厚也不过是地球直径的一半，亦即 6,000 千米左右。但且慢！如果这里说的“天”是指我们所熟悉的蓝天，而“地”是指坚硬稳固的大地，则上述的答案，便必须作出一定的修正。

“地”有多厚？

众所周知，固体地球的最外层我们称为“地壳”(crust)，而之下是厚达数千千米的“地幔层”(mantle)。虽然这儿的物质平均密度较地壳还要高，但由于地幔层的温度甚高，所以长期处于不断翻动的流体状态，科学家称之为“对流运动”(convective motion)。

那么地壳究竟有多厚呢？平均来说，这个厚度约为 45 千米，而这便是“地有多厚”的另一个答案。

世界第一高峰珠穆朗玛峰海拔近 9 千米，而最深的马里亚纳海沟深度超过 11 千米。也就是说，两者加起来的垂直延伸约是地壳厚度的 40%。对于我们渺小的人类而言，这个厚度是惊人的。但对比起地球庞大的身躯，这个厚度却小得可怜。简单的计算显示，地壳之相比于地球，较苹果皮之相比于一个苹果还要薄！（不信大家可算算：由于地球的平均直径是

12,756 千米，地壳的厚度只是这个数值的 0.35%。）

我们还必须留意的是，45 千米只是个平均值。这个数字的背后实包含着巨大的差异。一般来说，海床下的地壳较大陆之上的来得要薄，一些地方只有数千米左右。而在大陆之上，高原区域显然是地壳最厚之处，例如著名的青藏高原之处便达 60 多千米厚。当然，无论在海底还是在陆地之上，都会有些地方存在着一些裂缝，以令地幔层的物质有机会穿透地壳涌上地面。这些极高温的物质还未溢出地面时我们称之为“岩浆”（magma），而在溢出地面之后则被称为“熔岩”（lava）。

岩浆涌上地面的一个戏剧性形式当然便是火山爆发。从某一个角度看，每当岩浆涌现时，那儿的地壳厚度可被看作为零！

也就是说，“地有多厚”的答案原来可以由“0”到接近“70千米”（由珠穆朗玛峰的顶尖向下计）。

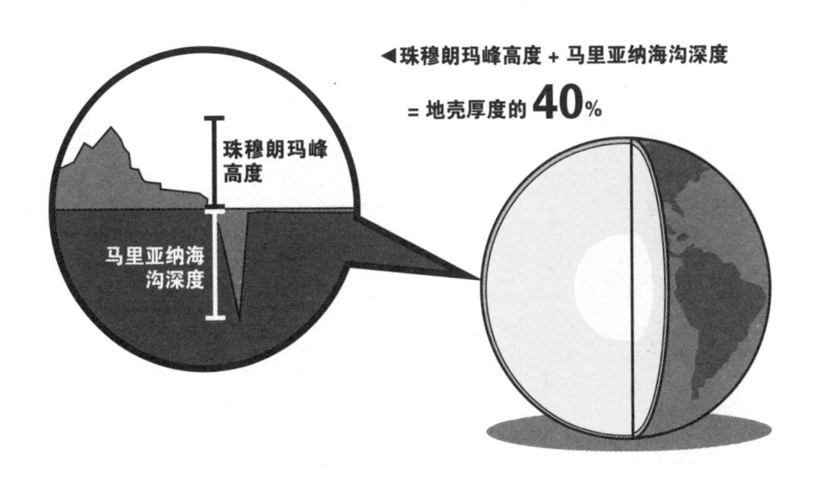

“天”有多高？

如果我们以蓝天为定义，则只要我们离开海平面（mean sea level）超过30千米，则大气层中99%的空气都会在我们的脚下。由于蓝色的天空（当然指日间的晴天）乃由于空气对入射的太阳光线进行散射（scattering）所呈现的结果，所以在这个高度看，“天空”的颜色已经接近黑色多于蓝色，而“天高”也可说接近尽头。

30千米对我们来说已是一个很高的高度。大气层内所有风霜雨雪等天气，都只是在10多千米以下的“对流层”（troposphere）之内出现。而即使远程的飞机，最高的航道也只是在“平流层”（stratosphere）底部的10多千米处，而且机舱之内还必须加压（和加热）我们才可生存。然而，对于太空航行来说，这却仍是太低的高度。要避免高层空气（哪怕对我们来说多么稀薄）的拖曳作用（术语称为atmospheric drag），一般的太空飞船最少都会进入离地面达100千米的轨道。

自我调节的菊花世界
——地球是一个“超级生命体”吗?

生物受环境影响是一个基本常识。但大家是否知道，地球的物理和化学环境，也同样受着生物的深刻影响呢?

众所周知，土壤里孕育着众多不同类型的生物。但大家是否知道，世界上的土壤，主要乃由蚯蚓这种卑微的生物，经过亿万年对岩石的改造而成?这当然便是生物影响环境的典型例子。

另一个更显著的例子，是大气层的化学成分。科学家的研究显示，地球早期的大气层里没有游离氧气，而今天占了近21%的氧气，乃是由植物通过光合作用从水分子中释放出来的。

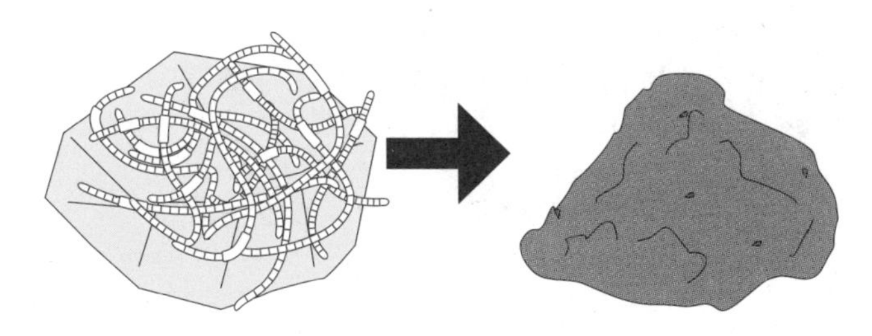

▲蚯蚓用亿万年时间，将岩石改造成泥土。

延续生命的“盖亚假说”

上世纪 70 年代，英国科学家詹姆斯·洛夫洛克（James Lovelock）和美国女生物学家林恩·马古利斯（Lynn Margulis）提出了“盖亚假说”（Gaia Hypothesis），把生物与环境之间的互动关系提升到一个崭新的层次。[所谓“盖亚”（Gaia），是古希腊神话中的“大地之母”。] 按照这个假说，生物不但会适应环境，也会改造周边的环境以适合自己生存。在最高的一个层面，他们指出地球上所有生物实已组成了一个“超级生命体”（super–organism），或甚至整个地球本身是一个超级生命体，而这个生命体会不断改造地球环境以达到适合生命延续的“自我平衡”（homeostasis）状态。

什么叫“自我平衡”呢？例如我们剧烈运动时体温上升，于是我们大量出汗，而汗液的蒸发会把热量带走，从而令我们的体温保持一个恒稳的数值，这便是一种“自我平衡”机制。为了解释地球如何实现自我平衡，洛夫洛克与另一名科学家华生（Andrew Watson）在上世纪 80 年代初提出了著名的“菊花世界模型”（Daisyworld Model）。

假设一颗行星正环绕着一颗恒星（它的母星）运行。行星上只有菊花生长，而菊花则只有黑、白两种颜色。好了，假设母星的光度（能量输出）发生变化，那么行星表面的温度自然会受到影响。

首先让我们假设光度增加了而行星表面温度上升，由于黑色菊花吸热而白色菊花会将大量的光线反射，黑色菊花会因过热而大批死掉，结果是行星表面主要会由白色菊花所覆盖。而由于白色菊花的反射作用，行星表面温度上升的趋势将会被遏抑，最后恢复到接近原来的水平。

假设母星的光度下降又如何呢？这时，白色菊花会由于吸热不足而大批死掉。相反，黑色菊花由于能够大量吸热而支持下去，最后会成为行星上的主要品种。但由于黑色菊花的吸热作用，行星表面温度下降的趋势会被遏止，最后恢复到接近原来的水平。

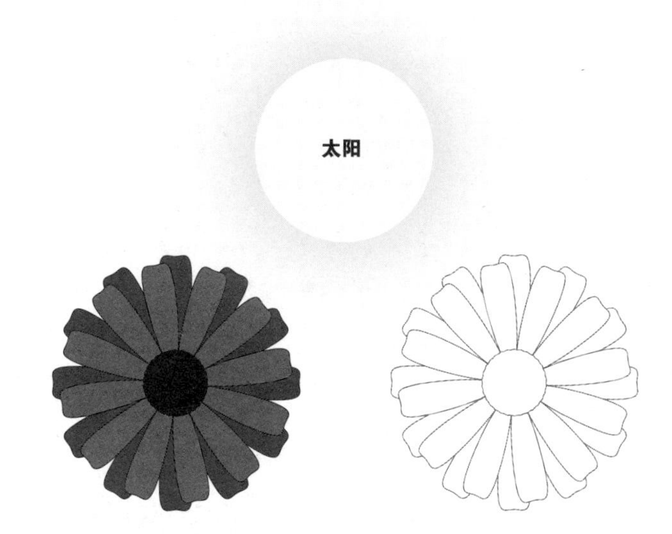

▲黑色和白色两种菊花在太阳温度持续上升或下降的情况下，最后只有其中一种能活下去。

看，这不就像我们运动时出汗所体现的“自我平衡”（生物学又称“体内平衡”）吗？（详情可参阅“维基百科”的“Daisyworld”条目。）

“盖亚假说”被提出之初，曾经受到科学界广泛的质疑。但这么多年来，科学家已经找到愈来愈多的证据以支持这一假说。（例如海洋浮游生物与云量的相互关系，详情请参阅“维基百科”的“CLAW Hypothesis”条目。）

"盖亚"终会把人类"铲除"

这一假说成立的话，是否表示人类可以肆意干扰和破坏自然而不受惩罚呢？

答案是否定的。不错，地球环境受到过分干扰的话，最终会由原来的平衡状态跳到另一个平衡状态，就像过去数千万年的冰河纪的出现和消失一样。但请记着，处于新的平衡状态的地球，很可能已经是一个不再适合人类居住的地方。

洛夫洛克曾经在他的著作《盖亚的报复》(*The Revenge of Gaia*，2007)一书中指出，如果人类不及早回头，"盖亚"自会把人类"铲除"(这当然是一种拟人化的描述)，以令地球恢复到一个适合其他生物居住的平衡状态。

放眼世界今天种种不可持续的发展，洛夫洛克的这个警告自是有感而发。事实上，前英国皇家学院的院长马丁·里斯(Martin Rees)便曾于其著作《我们的最后时刻——一个科学家的警告》(*Our Final Hour——A Scientist's Warning*，2009)之中提出，如果我们不及早改弦更张、力挽狂澜的话，人类能够熬得过21世纪的机会不会高于50%。

要知人类在地球上出现至今的时间(约七百万年)，还不到恐龙统治地球时间的二十分之一。如果我们不顾环境肆意破坏，人类将会成为在这个星球上出现过的一个短暂的"过客"。

地动山摇
——鲶鱼翻身引起地震?

地震(earthquake)是大自然最可怕的灾害之一。试想想，我们自出娘胎即觉得最为稳固最为可靠的大地，竟然可以一下子晃动颠簸起来，而建筑在其上的巍峨大厦，竟会像积木般——倒塌!那种感觉是何等的可怕!“世界末日即将来临!”的感觉是何等的强烈!

地球的炽热内部

在古人看来，地震的出现，必定因为地下有巨大的妖魔在作怪，或是上天发怒而对人们进行惩罚。日本是一个地震频发的国家。日本人有一个古老传说，就是地底下住了一条巨大的鲶鱼，而只要鲶鱼摇动，地面便会发生地震。

经过了科学地探究，今天的我们知道，地震不是什么怪物作祟，而是地壳运动的结果。而地壳之所以会出现运动，是因为地球的内部十分炽热，物质在不断运动所致。

首先让我们了解为什么地球的内部会这么炽热。要知道地球形成至今已有四十六亿年之久，就算形成时经历过高温的阶段，到了今天不是应该早已冷却了吗?这个问题的答案分为两部分。

第一，地球的体积极其庞大，是以即使到了今天，确仍保有形成阶段的一丝余温，而固态的地壳亦是一个很好的绝缘体;至于答案的第二部分，是地球内部包含着不少放射性物质。这些物质不断通过“核衰变”（nuclear decay）而释放出大量能量。正是这些能量，令地球内部的大量物质（即“地幔层”，mantle）仍然处于炽热和熔化的状态。

接着我们要了解“地壳”（Earth's crust）的构造。地壳是地球最外围的一层固体，它的平均厚度只有45千米左右，比起接近12,800千米的地球直径，厚度不足0.4%。如果我们以一枚煮熟了的鸡蛋作比喻，则包含了珠穆朗玛峰（全球第一高峰，海拔8,844米）和马里亚纳海沟（全球最深海沟，深11,000米）的地壳，实较包裹着鸡蛋的那层薄膜还要薄！

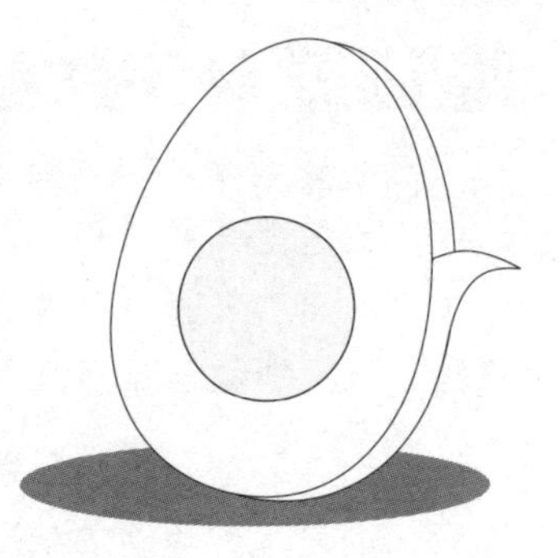

▲相比于鸡蛋，地壳比包裹着鸡蛋的那层薄膜还要薄。

但地壳不是完整一块地包裹着地球的。20世纪中叶开启的研究令我们得知，全球的地壳原来分成很多不同的板块（tectonic plate）。这些板块中，有的承载着大陆（如“非洲板块”），有的承载着海床和之上的海洋（如“太平洋板块”），另外一些则两者兼有（如“印度洋板块”）。

而最重要的一点是，板块与板块之间存在着相对运动。这些运动的速度，以人类的角度来看虽然十分缓慢，但就长期（以亿万年的尺度）来看，却可以令大陆和海洋的全球分布面目全非；而就短期而言，则可以导致可怕的地震不断发生。

地壳板块为什么会运动?

板块之所以会运动，是因为在板块之下，有十分炽热而且不断翻动的“熔岩物质”(magma)。正是这些熔岩的“大规模对流运动”(convective motion)，令其上的板块保持不断移动。至此我们终于明白地震的成因了。板块间的相互运动必然产生摩擦，而摩擦则产生了地震。

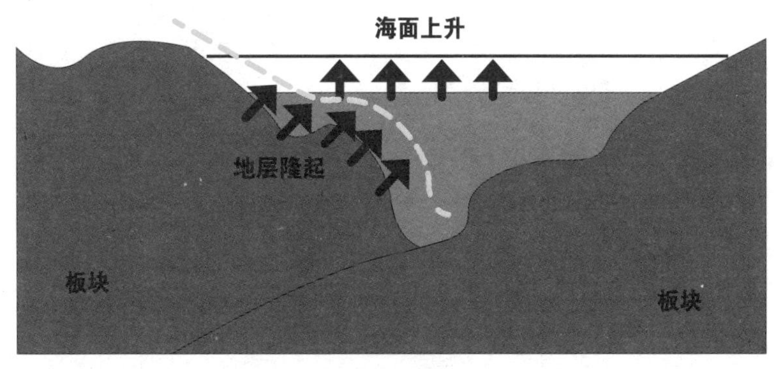

▲板块运动，除了会引发地震，亦可令海啸发生。

地震发生的具体情况，当然较之上的解释复杂得多。板块间的运动，可以是水平的“相互错动”(translational motion)，也可以是“近头碰撞”(collision)。一些板块会在这些过程中被毁灭，而一些新的板块则可以因熔岩的上涌而得以伸展。但无论如何，板块边缘正是地质活动最频繁的地方。最著名的例子，莫过于环太平洋的地震带和火山带 (Pacific Rim of Fire)。

那么说，在板块的内围，便不会有地震发生吗? 那又不然。由于板块运动时，对其内围的不同部分会带来不同的挤压，因此内围各部分也会因受力的不同而出现“断层”(fault)和各种不稳定的地质形态，而当这些形态的储存能量达到一定程度而被释放出来时，猛烈的地震仍然可以在远离板块边缘的地方发生。夺去了八万多人性命的 2008 年汶川大地震，就是一种这样的地震。

纵横捭阖
——如何测量千里之外的地震？

大家有听过“候风地动仪”吗？这是距今约一千九百年前，我国东汉期间，著名科学家张衡所发明的一台用来测量地震的仪器，也是世界上最早的同类仪器。

“指南针、造纸、印刷、火药”作为中国的“四大发明”，大家都知道了吧，但其实这台“候风地动仪”，也是中国古代伟大的发明之一！

测定地震的方向

这台比一个人还要高的铜铸地震仪，周围伏有八条头向下、尾向上的青龙，每条龙之下则有一只仰首并张开嘴巴的青铜蟾蜍。而龙的分布则向着北、东北、东、东南、南、西南、西、西北八个方向。每条龙的口中都含着一颗铜珠，而当地震发生时，其中一颗铜珠便会掉到蟾蜍的口中，从而产生巨响。我们只要察看是哪一颗铜珠坠落，便可得悉地震所在的方向。

由于找不到详尽的文献记载，我们不知地动仪的实际操作原理。而按照后人的推断以及复制试验，里面必然装有以悬垂物作钟摆运动的机械装置。

▲可测量地震方向的“候风地动仪”。

在近两千年前便能够做出这样的发明，张衡的智慧实在令人赞叹。

今天我们的“地震仪”（seismograph），所用的也同样是悬垂物在运动时的“惯性原理”（principle of inertia），而在测量地震发生的准确方向和距离方面，我们当然已比两千年前进步很多了。

就测量方向而言，原理其实十分简单。由于地震时产生的震波会以某一个特定速度在地层中扩散，因此处于不同位置的地震仪，其所录得的震波抵达时间便会有先后之别。理论上，我们只要测得三个地震仪所录得的震波抵达时间，便可通过“三角学”（trigonometry）的计算，定出震波来自的方向。当然，地震仪的数目愈多并且分布愈广（还加上地震仪的灵敏度愈高），所测定的方向亦会更为准确。

因篇幅关系，笔者无法在此详述三角学的计算步骤，但即使凭我们的直观，也很容易领会个中的道理。假设有三个地震站 A、B、C 构成一个三角形，如果 A 站先录得地震、B 站次之，而 C 站最后，则地震的所在，应该大致在 A 方而略靠近 B 的方向。再举一个例子，假如震波抵达的次序是 C、A、B，则地震的所在，应该大致在 C 方而略靠近 A 的方向，如此类推。

计算地震与我们的距离

那么距离又如何呢？啊！这便要我们明白地震波中有“纵波”（longitudinal wave）与“横波”（transverse wave）的分别。

就前者而言，特点是“震动介质的来回运动方向”与“地震波的传递方向”一致，例如空气中的声波就是一个例子。至于后者，“震动介质的来回运动方向”与“地震波的传递方向”垂直，例如水面的涟漪即是。在地震中，前者我们称为“p波”(来自英文的 primary wave)，后者则称为“s波”(来自 secondary wave)。由于p波在地层中的传播速度比s波快，于是可以根据两者在同一地震站的抵达时间先后，计算出震源与我们的距离。

简单的逻辑是——如果震源离我们很近，则这个时间差会很短。相反，如果震源离我们很远，则这个时间差会很大。(原理跟通过闪电和雷声的时间间隔来推断打雷的距离相似)当然，要准确计算有关的距离，我们必须精确地判定这两种地震波的抵达时间。这个判定往往不能纯靠仪器(包括电脑的人工智能程序)所作出，而必须依靠地震监测人员的丰富经验和专业判断。

下次新闻报道地震的消息，你应该更为清楚有关的资料是如何测定的了，对吗?

九级半地震
——“震级”和“烈度”有何分别?

在地震报道当中，最易被混淆的信息，是地震的“震级”(magnitude)和“烈度”(intensity)这两个概念。现在考考大家——你能够说出它们的区别所在吗?

在未作出回答之前，让我们先了解一下“震源”与“震中”的区别。

震源与震中

从上一篇文章我们得知，地震源于地层内的剧烈运动，这些运动发生之处，我们称为“震源”(focus / hypocentre)。这个“震源”可以离地面数百千米之深，也可以只有数十甚至十多千米这么浅。前者我们称为“深层地震”，而后者称为“浅层地震”。一般而言，越是浅层 (也称“浅源”)的地震对地面带来的破坏越大。

而所谓“震中”(epicentre)，是垂直于“震源”之上的地面位置，也就是在地图上看到的地震位置。

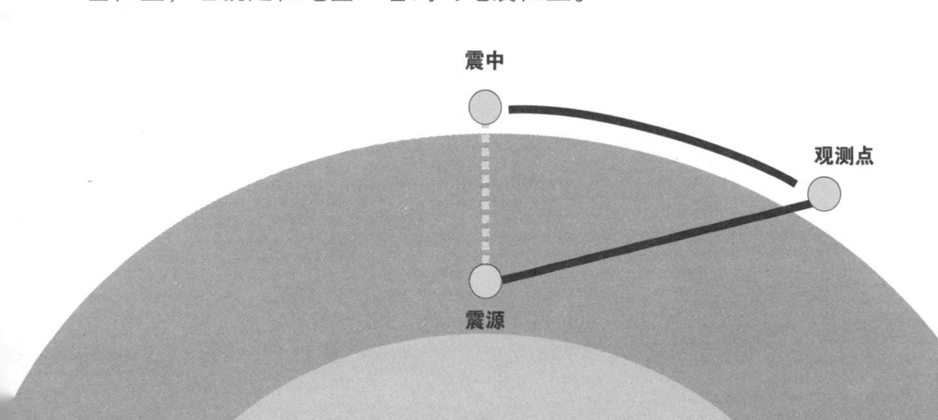

好了，现在让我们回到一开始的问题。简单来说，“震级”与某一地震所释放的总能量有关，也就是我们一般指的“地震有多大”；而“烈度”则与这个能量以及某地与该地震的距离有关，即“某地所受的影响有多大”。

按此逻辑的推论——一个地震的“震级”可能不太大，但由于我们与它十分接近，所以其“烈度”颇高；相反，一个地震可能十分猛烈（震级很高），但由于我们距离很远，所以其“烈度”十分微弱。

震级表与烈度表

科学家用“震级表”以标示“震级”，另外则用“烈度表”来标示“烈度”。

让我们先来认识前者。一般而言，震级在 3 级以下，除了少数特别敏感的人有感觉，一般只能由仪器测得；3 至 4 级，则会令接近地震的人感觉得到，但一般不会造成什么破坏；5 级的地震（特别是浅源的），可以造成明显的破坏，至于破坏的程度，则由建筑物的坚固度而定。不用说，6 级或以上的地震，都是可怕的毁灭性地震，而毁灭程度会随着震级的增加而急速上升。中国一般采用“里氏震级”，通常小于 2.5 级的地震称为小地震，2.5~4.7 级的称为有感地震，震级每相差 0.1 级，能量相差大约 30 倍。

人类至今记录到的最大地震，是 1960 年 5 月 22 日在智利发生的 9.5 级大地震，它引发的海啸遍及整个太平洋，就连遥远的亚洲的东岸也测量得到。原则上，“震级表”并没有上限。也就是说，我们不知道是否会出现比智利大地震更为厉害的“超级地震”。一个 10 级的大地震可能在一千年内也不会发生，也可能在明天便会发生……

好了，现在让我们来看看“烈度表”。与震级表不同，烈度表的级数由 1 至 12，是有上限的。不用说，较低的烈度如 1 至 3 级的影响甚为轻微；7 级以上影响严重；最高的 12 级表示地动山摇甚至河流改道，乃至一切人为的事物都会被彻底毁灭。

世界各地使用几种不同的“烈度表”，西方国家比较通行的是“麦加利烈度表”，共分为 12 个烈度等级；日本将无感定为 0 度，有感则分为 8 个等级。中国按 12 个烈度等级划分烈度表，并于 1980 年重新编订了烈度表。

顺带一提，2011 年 3 月 11 日发生的日本东部海底大地震以及由它所引发的海啸令世人触目惊心。这次地震的烈度达到了 9 级，由于引发这个烈度的海底地震震级刚好也是 9 级，所以更易令人混淆了两者的区别。

电从天上来
——能源开拓新思维

“核能发电”（nuclear power）不会释放二氧化碳，因此从对抗全球暖化的角度看，可被看作一种“清洁能源”。但由于核电所用的燃料和产生的废料带有高度危险的辐射，所以不少人都不承认它是“清洁能源”，并高举“反核”的旗号极力抵制其发展。

核裂变与核聚变

能够作为能源的核子反应有两种——“核裂变”（nuclear fission）（又称“核分裂”）和“核聚变”（nuclear fusion）（又称“核融合”）。前者是“原子弹”（atomic bomb）背后的原理，而后者则是“氢弹”（hydrogen bomb）背后的原理。大家应该知道，“氢弹”的威力比“原子弹”的大得多（达一千倍以上）。由于要引发“核聚变”的温度较“核裂变”的高很多，所以前者又被称为“热核反应”（thermonuclear reaction），而由此发展出来的武器（氢弹）则被称为“热核武器”。

人类发明“氢弹”已超过 60 年，但迄今为止，所有核能发电厂都只是以“核裂变”而非“核聚变”来发电。原因是以毁灭性的形式释放核聚变能量相对容易，但以稳定而受控的形式把这种能量释放，在技术上却是极其困难。过去大半个世纪，世界上多个先进国家都投入了巨大的人力、物力、财力以实现“受控核聚变”（controlled fusion），到今天仍未成功。按照最乐观的估计，“核聚变”要成为人类社会一个主要的能源，最快也是本世纪下半叶的事。在全球暖化和石油耗尽这两大挑战面前，这完全是“远水救不了近火”。

收集太阳能源

但大家可能没有注意的是，一个极其稳定的热核反应炉其实每天都在陪伴着我们，并且为我们带来光明和温暖。聪明的你当然猜到，这里所说的，便是我们的太阳。

这个直径是地球直径 109 倍、体积超过 100 万个地球、表面温度达 6000 摄氏度，距离我们 1 亿 5000 万千米以外的反应炉，已经稳定地燃烧了 50 亿年！按照科学家的估算，它至少还可再燃烧 50 亿年的时间。

太阳每秒释放的能量，足以瞬间将地球化为灰烬。幸好地球所截获的，只是这一能量的二十亿分之一。但科学家的计算显示，即使是这样，地球在一个多小时内从太阳那儿接收的能量，便已足够人类全年所用，问题是——如何有效地捕捉这些能量呢？

众所周知，太阳能开发的一大问题，是它的“间歇性”（intermittency），即烈日当空阳光充沛时固然电力十足，但在晚上，甚至阴雨的时候，则无电可用。其实早于 1968 年，美国一名科学家彼得·格拉斯（Peter Glaser）已提出在太空中建造巨型的“太阳能收集卫星”（solar power satellite，简称 SPS），以克服日夜交替、大气层吸收和天气变化等影响。但这还不是构思中最精彩的部分。最精彩的一点，是格拉斯通过物理学的分析，指出卫星所收集的太阳能，可以通过微波（microwave）传到地面的大胆构思。他更指出，地面的“接收天线阵列”（antennae array）固然需要庞大的面积，但高高的天线架之下，仍然可以用来耕作甚至放牧，人们的生活不会受到影响。

问题是，以人类当下的太空运载能力而言，这个构思在半个世纪后的今天仍只属空中楼阁。美国航空飞机计划的结束更加令计划的实现遥遥无期。

“天空之城”的可能性

但这个构思是否真的并不可行呢？笔者可不这样认为，只要把格拉斯的构想略为改动一下便可。

按笔者之见，建造太阳能收集站的最佳地方，既不在地面也不在太空，而是在大气的高层[例如在20千米高的“平流层”（stratosphere）]，为什么呢？

这是因为按照这一构想，我们便无须花费巨大的资源用火箭把器材送上太空，却也可以获得近乎身处太空的好处，即日照的时间特长、阳光猛烈，也不受天气影响[因为天气变化主要局限于平流层以下的对流层（troposphere）之中]，以及尘埃很少而不会影响光电板的运作等。

我们要建造的，是一个个收集太阳能的“天空之城”，而要令它们停留空中，并不需要宫崎骏的“飞行石”，只需要物理学的应用，我们至少可以：（1）利用氢气或氦气作承托；（2）把浮筒抽真空以制造浮力；（3）把空气加热制造浮力；（4）以螺旋桨转动作承托等多个方法（或是它们的组合）。收集的能量，则可以按原来的建议，通过微波传到地面。

至于地面的微波收集站，则是不必“与民争地”的庞大“海上浮城”。除了接收微波外，一些离岸不远的海上平台，更可结合风力发电、海浪发电、海水淡化以及制造“氢燃料”（将海水进行电解获得）等多项用途。

今天社会极力强调年轻人要有创新，笔者也在此向大家强烈呼吁，不要再将你的创意浪费在设计鼓吹更多消费的广告、令人沉迷的电子游戏或鼓吹贪婪害人不浅的衍生金融工具之上，而是把它用于真正解决人类当前最大危机的方面。

大家有兴趣接受这个挑战吗？

▲在20千米高的平流层建造太阳能收集站，这样便可节省把器材送上太空的资源，而且日照的时间特长、阳光猛烈和不受天气影响，加上尘埃很少而不会影响光电板的运作。

100 亿伏特的电压
——雷暴有多可怕？

你有感受过雷暴轰顶吗？这里说的，不是看见远方的闪电和隔了一段时间才听见的雷响（此现象是基于时差而出现，因为声波的传播速度远远低于光速），而是就在你头顶的行雷闪电！我可以告诉你，假如你真的经历过近在咫尺的猛烈雷暴，那种震撼和惊栗的感觉，一定毕生难忘！

“雷暴”（thunderstorm）可以说是令人畏惧的自然现象之一，这不单是因为它带来的暴雨、闪光和震耳欲聋的巨响，还因为被闪电（lightning）击中的话有立刻丧命的可能，而即使被击中的是建筑物，也会带来巨大破坏甚至火灾。居住在都市的现代人不太惧怕雷暴，是因为身处现代建筑物，而且有避雷设施的保护。假如我们不幸在旷野遇到猛烈的雷暴，那种可怕是难以言喻的。

放电现象

古人受知识水平所限，很自然地以为雷暴是天神发怒的表现。通过现代科学的探究，今天的我们知道这是大气层中的一种自然现象。

简单而言，雷暴的出现，是因为接近地面的湿暖空气被急速抬升（夏天日照加热或春天冷锋过境都可得出这样的结果），从而出现高达 10 千米或以上的“积雨云”（cumulonimbus），在这巨大的云团之中，空气的猛烈垂直对流运动（就像一锅沸

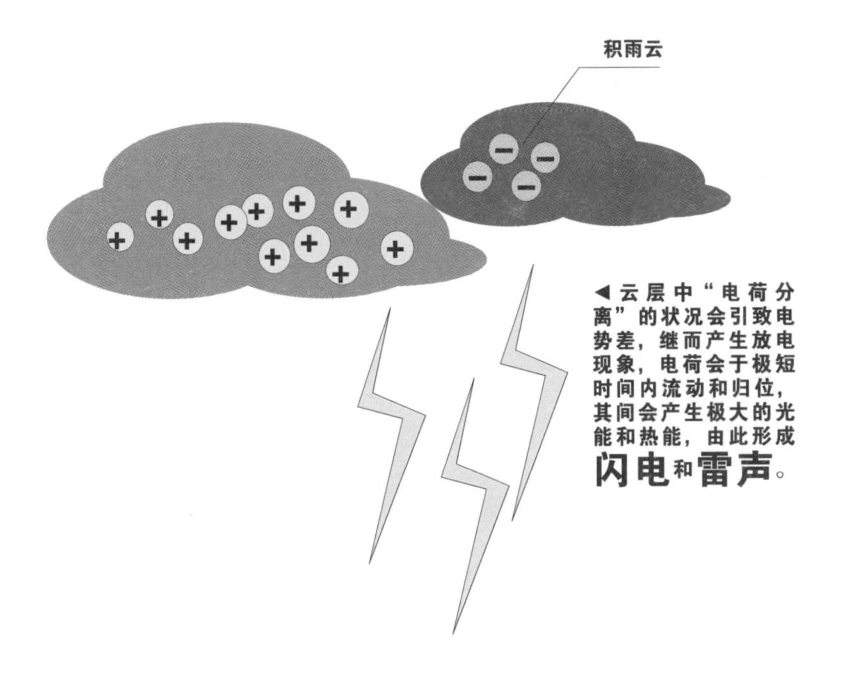

◀云层中“电荷分离”的状况会引致电势差，继而产生放电现象，电荷会于极短时间内流动和归位，其间会产生极大的光能和热能，由此形成**闪电**和**雷声**。

水中在上下翻滚的沸水)会令云里的液滴以及更高空的冰晶不断互相摩擦，从而出现“电荷分离”(charge separation)的状况。背后的原理，便有如我们用塑料的梳子跟头发来回摩擦产生静电，致使梳子能够吸起纸屑一样。

更具体地说，如果摩擦令液滴或冰晶丢失电子的话，会令那儿的云层带上正电荷；相反，获得额外电子的那部分，则会带上负电荷，而大量正、负电荷的分离会产生巨大的电势差(voltage)，当这个电势差高至某一地步，便会出现“放电现象”(electric discharge)，电荷会在极短时间内流动和归位，其间会产生极大的光能和热能。

光能就是我们所见的闪电，而热能会令周围的空气迅速膨胀，最后产生我们所听到的雷声。

100 亿伏特电击

19 世纪时，科学家已从研究静电出发，在实验室中制造出放电现象。但在规模上，大自然闪电所涉及的电压和电流，比实验室的大上亿倍。大家可能知道家居电压为 220 伏特（volt），而最为耗电的电器或机器所需的电流一般不过是数安培（ampere）至数十安培。但在特强的雷暴中，放电前所累积的电压可达 100 亿伏特，而放电时的电流可达数十万安培！

事实上，大部分的闪电都是在半空中、云团内的闪电（cloud–to–cloud lightning），这些闪电对地面上的我们没有多大影响，但对于飞行中的飞机却会带来严重的威胁。

一般人最关心的，当然是云团（主要是积雨云底部）与地面之间的闪电。不用说被闪电击中是九死一生的！而那些“一生”的“幸运儿”，大多是遇上较弱的闪电，或附近有连接地面的导电体将大部分电流导走了。

第一次证明天上的闪电与实验室中的放电是同一个现象的，是美国开国功臣之一的富兰克林（Benjamin Franklin）。

1752 年，他在风筝上缚上导电体并以电线连接到地面，然后他在一趟雷暴中把风筝放上天空。当然他是做足安全措施的，因为他站在绝缘体之上，并在一个干爽的木棚下做实验。古希腊神话中的普罗米修斯把天上的火种偷到凡间，而富兰克林便是用这个方法将天上的电捕捉下来。

人类比起大自然固然极其渺小，但富兰克林的聪明才智和求真的勇气，却实在值得我们钦佩！

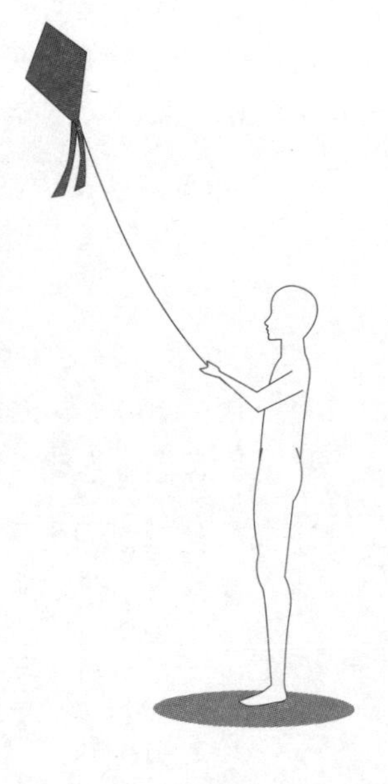

阿尔发、贝塔、伽马
——核辐射为什么可怕?

2011 年 3 月，日本福岛核电站因地震和海啸损坏严重，导致核辐射 (nuclear radiation)外泄，再次勾起了世人对核电安全的忧虑。在此之前，最重大的核事故是 1979 年美国三里岛 (Three Mile Island)的核泄漏，以及 1986 年苏联切尔诺贝利 (Chernobyl)的核灾难。究竟这些事故有多可怕呢?

虽然核弹的威力确实非常恐怖，但人们对核电安全的忧虑，主要不是害怕核电厂会像核弹般爆炸起来 (因为这从设计上并不可能)，而是害怕一旦发生事故，大量的核辐射会扩散到环境之中，严重威胁人们的健康，甚至性命。

核辐射为什么这么可怕呢? 在回答这个问题之前，我们先要弄清楚这种辐射究竟是怎么一回事。

核反应与化学反应

要了解核辐射，我们必先了解“核反应”(nuclear reaction)与一般的“化学反应”(chemical reaction)有什么区别。

众所周知，物质的基本构成单位是“原子”(atom)，而原子是由“原子核”(nucleus)和包围着它的“电子”(electron)所组成。一般的化学反应，即使是最猛烈的化学爆炸，只是涉及这些原子最外围的电子。至于核反应，则涉及原子内部的原子核本身。由于原子核包含着极其巨大的能量，因此这些反应所释放的能量，比一般的化学反应大上亿万倍。

一般化学反应所释放的能量主要是光和热，不少物质与氧气结合时的燃烧（combustion）便是个好例子；而核反应所释放的能量，则是高能的电磁辐射和粒子。

电磁辐射：波长越短，能量越高

让我们先看看“电磁辐射”（electromagnet radiation）的部分。

所谓“电磁辐射”，实乃“电磁场”（electromagnetic field）在空间中的振动，它在真空里的传递速度是光速。事实上，我们肉眼可见的“可见光”（visible light）以及肉眼看不见的红外线、微波、无线电波、紫外线，以及进行身体检查时所用的 X 射线等，都是具有不同“波长”（wavelength）的电磁波。

这些波有一个特性，就是波长越短则能量越高而穿透力越强。例如上述列出的各种辐射中，以 X 射线的波长最短而穿透力最高，因此可以“透视”我们的身体，帮我们找出身体内的毛病。但也正因如此，过量的X射线对人体会造成一定的伤害，所以我们每年进行 X 射线检查不能过多，而孕妇更不适宜进行这样的检查。

然而原子核内部的反应，可以释放出的波长，比 X 射线的还要短得多，因此穿透性和杀伤力也大得多，这种辐射我们称为“伽马射线”（gamma ray），“伽马”这个词来自希腊文中的第三个字母“γ”。这种可以穿透和破坏人体细胞的辐射，正是核辐射为什么可怕的原因之一。

从物理的角度看，X 射线和伽马射线之所以具有破坏力，是因为它们会令被照射的物质出现“电离”（ionization）现象，具体而言，就是组成这些物质的分子和原子所拥有的电子（特别是处于外围的），会被射线踢走。正因如此，X 射线和伽马射线被统称为“电离辐射”（ionizing radiation），而可见光、红外线、无线电波等则被称为“非电离辐射”（non-ionizing radiation）。

带电又高能的粒子

现在让我们回头看看高能粒子的部分。原来在各种核反应中，还会释放出“α 粒子”（alpha particle）和“β 粒子”（beta particle）这两种高能粒子。

α 和 β，是希腊字母中的首两个字母。原来在研究物质的“放射性现象”（radioactivity）的初期，由于科学家仍未弄清楚它们的性质，所以将测量到的神秘辐射称为“α 射线”“β 射线”“γ 射线”。后来弄清楚了，原来“γ 射线”是极高能的电磁波，而“α 射线”与“β 射线”则分别是高能的“氦核”（helium nucleus）（“氦”是宇宙中第二简单的元素）与“电子”，前者质量较大并带有正电荷，而后者质量小得多而带有负电荷。

◀ **电磁波中的“α 射线”“β 射线”“γ 射线”，对人体伤害极大。**

由于它们既带电又高能，因此能够穿透我们的身体并破坏体内的细胞。其中 α 粒子较重，所以穿透性较低，但它带有的电荷较大，破坏力也大。相反，β 粒子的电荷虽然较小，但因体积细小而穿透性甚高，所能造成的破坏也同样很大。

核辐射的可怕之处，还在于上述三种射线都是肉眼所看不见的。假如我们无意间暴露在这些辐射之下，最初可能毫无感觉，或至多感到短暂的不适。但接下来，随着体内细胞受到严重破坏，“辐射症”(radiation sickness)的症状会逐步显现，病人会出现恶心、呕吐、出血、全身溃烂……最后是各种器官功能衰竭而死亡。

上述是短期内吸收了大量核辐射的结果。另外，令人担心的是，即使吸收了较低剂量的辐射而没有即时性命危险，辐射诱发细胞出现变异，也会大大提高各种癌症的病发机会。

现在大家应该明白我们为什么如此害怕辐射了吧。

基于三种辐射的不同特性，我们的防御方法也有所不同。但总的来说，由于释放这些辐射的放射性物质 (当中既包括核子发电所需的燃料，也包括发电后的各种废料)会长期留存在自然界之中，一旦外泄，便祸延久远。

因此，不少人认为，人类长远来说，应该放弃核能，而尽快转用安全又清洁得多的“可再生能源”(renewable energy)。

横空而立
——彩虹尽处有黄金?

相信没有人会不喜欢见到彩虹。一道七彩亮丽的“虹桥”在雨后初晴横空而立，其赏心悦目的确是大自然的一种恩赐！但不知大家是否自幼即怀着一个疑问：“我们为什么永远找不到彩虹的落脚处？”

西方有一种说法：“如果我们抵达彩虹的落脚处，会在那儿找到一桶金子。”（英语是："A Pot of Gold at the Rainbow's End."）这当然是一种童话式的戏言，正因为人们知道这是不可能的，才浪漫地编织出那儿埋有宝藏的说法。

那么我们为何永远无法抵达彩虹的落脚处？

这是因为天空中的彩虹并不是一样实物，而只是一种光学现象。最先解释这种现象如何形成的不是别人，正是鼎鼎大名的科学家牛顿（Isaac Newton）。牛顿不单从观察苹果的下坠而发现“万有引力”定律（至少传说是如此），他对光学的研究也作出了很大的贡献，其中一项正是破解了彩虹的秘密。

彩虹对每一个人，都是独一无二的

原来在雨后初晴之际，空气中仍然充满着无数十分微细的水珠，如果太阳那时刚好在我们的背后，太阳光会把我们前面的水珠照亮。但不要忘记，水是透明的，因此关键不在于简单地反射回来的微弱光线（当然更不在于那些穿透水珠继续向前走的光线），而是在于那些进入了水珠内部，却因为角度刚刚好而被水珠的内壁反射回来，并在离开水珠后，角度又刚好射向我们眼睛的那些光线。

留意这些光线虽然来自太阳，但在水珠那儿曾经经历了三次转折：

（1）射进水珠时所经历的折射（refraction）；

（2）在水珠内壁的“全内反射”（total internal reflection）；

（3）在离开水珠时再次经历的折射。

正由于前后两次的折射作用，白色的阳光就像穿过了一块玻璃三棱镜一样，被分解为“红、橙、黄、绿、青、蓝、紫”七色。以“三棱镜”透射阳光而发现这个“太阳光谱”的，正是牛顿。

由于要角度上的配合，我们看见的彩虹，都必然是一个巨大圆形的一部分，即一个弧形。浪漫之处在于这道彩虹是完全属于“我”这个观测者的！因为即使有一个人站在“我”的身旁，他（她）所看见的，将是一道在位置上略为不同的彩虹。

因此，他（她）所看见的，也完全是属于他（她）的一道彩虹。当然，如果某人站得离我很远，或是他（她）所面向的角度不对，那么他（她）将什么也看不到。

在适合的条件下，我们会看到在主彩虹之外，还会有另一较昏暗的“第二道彩虹”（secondary rainbow），中文的学名叫“霓”。这道彩虹的出现，是因阳光在水珠内经历了两次“全内反射”而最终抵达我们的眼睛而成。由于多了一次反射，“霓”的亮度较主彩虹暗上一截，而颜色排列刚好与主虹的相反，主虹是紫色在内而红色在外，霓则是红色在内而紫色在外。

如何自制彩虹?

我们其实可以自己制造彩虹。在一个晴天并且太阳仰角不太高的时刻，只要我们背着太阳并用喷水壶把水喷向前方，便会看到一条属于我们的小小彩虹。

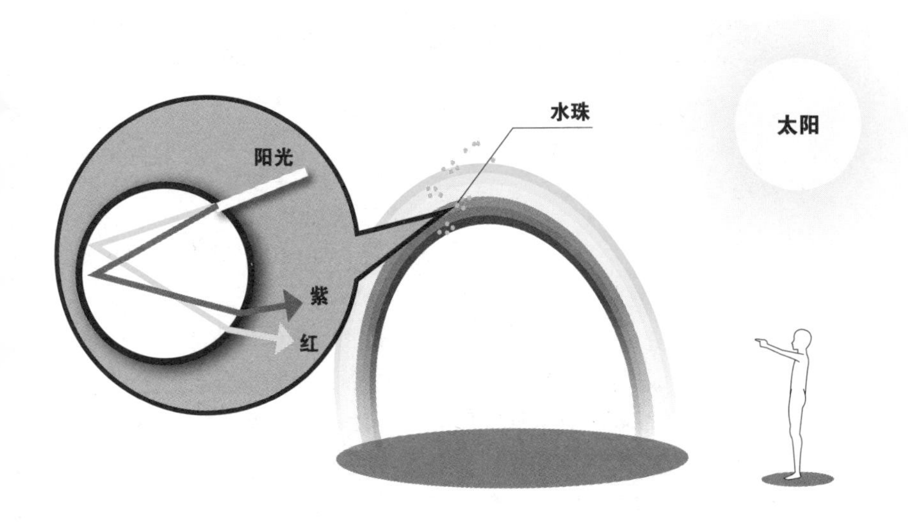

自然界的乾坤大挪移
——“厄尔尼诺”和“拉尼娜”究竟是怎么回事？

大家有听过“厄尔尼诺”这个名称吗？那么“拉尼娜”又如何呢？

如果稍有留意与全球天气变化有关的新闻，应该都会听过上述这两个或至少其中的一个名词吧！但对于它们究竟是什么东西，相信很多人仍是不大了解。好吧！就让笔者在此逐步拆解，揭示它们究竟是怎么样的一回事。

首先要指出的是，厄尔尼诺与拉尼娜其实是同一个现象的正、反两面。由于最先引起学者重视的是前者，那便让我们从前者说起吧。

“厄尔尼诺”现象

“厄尔尼诺”是西班牙文“El Nino”的译文，意思是“幼孩”，而引申为“基督圣婴”（the Christ Child）之意。但究竟为什么有这样的名称呢？

在南美洲西岸有一个国家——秘鲁（Peru），其海域由于长期有来自深海的冷水上涌（cold upwelling），将海床深处的丰富养分带往近海面的地方，于是令那儿的渔产非常丰富，成为世界上渔获最为丰富的海域之一。然而，每隔数年，这股上涌的冷水会大大减弱，导致当年养分下降而渔获大减，而海面的温度也较往常高。由于这个现象最严重时往往发生在圣诞节的前后，所以那儿的人称之为“El Nino”（圣婴事件），科学家则称之为“圣婴暖流”。

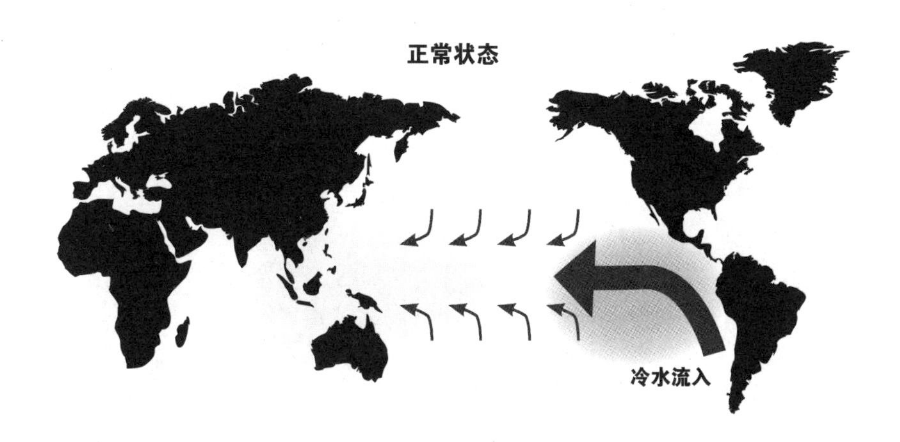
正常状态
冷水流入

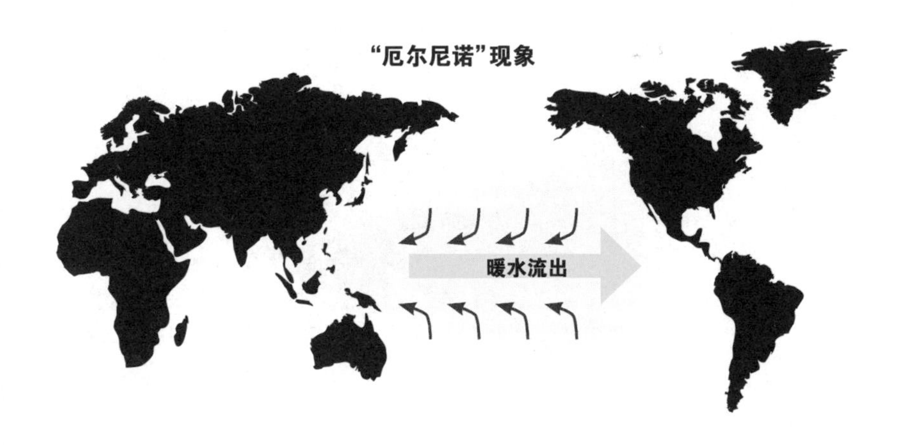
“厄尔尼诺”现象
暖水流出

这个现象受到科学界的重视，始于上世纪下半叶。经过了数十年的深入研究，科学家发现，伴随着"厄尔尼诺“的出现，大气层和海洋至少会呈现以下四大变化：

（1）太平洋东、西两端的洋面温度出现异常（sea surface temperature anomaly）：全球平均水温最高的洋面是菲律宾以东的区域，而在"厄尔尼诺“出现期间，这个高温区会不断向东伸展，令太平洋中部也会出现异常高温。而当高温区抵达南美洲西岸时，便会形成“圣婴现象”。

（2）太平洋东、西两端的大气气压出现异常（air pressure anomaly）：东太平洋的平均气压比西太平洋的高，但在“厄尔尼诺”期间，这种气压差会减弱，甚至出现逆转，即西太平洋的气压会变得比东太平洋的还要高。由于这种变化最初被发现时被称为“南方涛动”（Southern Oscillation），是以科学界后来把两者合起来称为“El Nino–Southern Oscillation Event”（简称 ENSO 事件）。

（3）在赤道以北的太平洋洋面，主要的风向来自东北，我们称为“东北信风”（northeast trade wind），而在赤道以南，则主要来自东南，我们称为“东南信风”（southeast trade wind）。但在“厄尔尼诺”期间，这个偏东风的“信风系统”（trade wind system）会大为减弱，甚至会出现“西风压倒东风”的情况。

（4）由于上述的温度、气压和风向的逆转，太平洋东、西两端的海面高度（mean sea level）也会出现异常。在平时，西太平洋的海平面会比东太平洋的高，幅度约为 10 厘米。但在特强的“厄尔尼诺”期间，这种情况会逆转，导致东太平洋的海平面比西面的高出 20 厘米之多。

上述只是一个粗略的描述，实际的区域性变化还要复杂得多，其中包括水汽输送的变化、上升气流和下沉气流的变化、洋流流向和强弱的变化等。

总的结果是，由于上述的变化，太平洋周边地区会出现众多的反常天气—应该下雨的地方不下雨了反而出现旱灾，不应该下雨的地方则滂沱大雨造成洪灾，台风的形成和移动路径出现反常……

所有这些，都给亿万人的生计甚至生命带来严重的危害。研究显示，这些影响更会超出太平洋的区域，而延伸至印度洋甚至非洲等地方。

“拉尼娜”现象

至于“拉尼娜”则是“厄尔尼诺”的反面。照理来说，异常的反面应是较为正常的状况。但科学家发现，当“拉尼娜”变得特强的时候，原来也会带来各种反常的灾害性天气。

“ENSO 事件”是地球大气环流(atmospheric circulation)中的重大波动，这种波动最令人困惑之处有二：

(1)出现的周期不规则，最短的时间相隔只有两三年，但最长的时间却可以接近十年之久，而且每次出现则可以持续大半年至两年不等。

(2)诱发的原因至今仍不清楚。回顾上述的四大变化，当然还有一些未列出的，差不多每一个都可以是另外几个的原因，也可以是结果……其中的“因果链”便好像一条咬着自己尾巴的蛇，不知从何说起。

但有一点是颇为肯定的——众多科学家的研究都显示，随着全球暖化的加剧，“厄尔尼诺”的猛烈程度会变本加厉，而它所导致的天灾也会更加严重！

宇宙探索篇

决定人类未来的条约

——假如明天外星人降落地球我们怎么办?

如果你今天问我：“影响人类未来最为深远的国际协议是哪一条? ”我会不假思索地回答，是《巴黎协议》。

这是因为，假如我们无法在短期内大幅降低二氧化碳的排放量，即尽快以“可再生能源”取代不断排放二氧化碳的煤、石油和天然气等“化石燃料”，便会大大加剧“温室效应”所带来的全球暖化和气候灾变，这势必会导致巨大的生态环境灾难，甚至因此而导致第三次世界大战的爆发!

外太空不属于任何人类

但如果（笔者当然衷心希望这个如果成真）全世界的人能够齐心协力，既有效地对抗全球暖化危机，也避免了第三次大战的爆发，那么长远来说，对人类未来发展影响最为深远的一条条约，必然是今天没有多少人留意的《外太空条约》（*The Outer Space Treaty*）。

不要以为这是什么新生事物。事实上，这一条约早于1966年便已在联合国大会通过，并于1967年10月10日生效，而且无限期有效。

要了解这条条约的性质，看看它的全名便可知八九——《关于各国探索和利用包括月球和其他天体的外太空活动所应遵守原则的条约》。更具体地说，条约规定太空和所有地球以外的天体皆不属于任何个人、团体或国家，而各国在探索和开发这些天体时，必须遵守和平合作及非军事化的原则。

留意人类首次登月是 1969 年，而这一条约成立于 1966 年，可见当年推动条约的人确实高瞻远瞩。

《外太空条约》

1. **共同利益的原则：**探索和利用外太空应为所有国家谋福利，而无论其经济或科学发展的程度如何；
2. **自由探索和利用原则：**各国应在平等的基础上，根据国际法自由地探索和利用外太空，自由进入天体的一切区域；
3. **不得据为己有原则：**不得通过提出主权要求，使用、占领或以其他任何方式把外太空据为己有；
4. **限制军事化原则：**不在绕地球轨道及天体外放置或部署核武器或任何其他大规模毁灭性武器；
5. **援救航天员的原则：**在航天员发生意外事故、遇险或紧急降落时，应给予他们一切可能的援助，并将他们迅速安全地交还给发射国；
6. **国家责任原则：**各国应对其太空活动承担国际责任，不管这种活动是由政府部门还是由非政府部门进行的；
7. **对空间物体的管辖权和控制权原则：**射入太空的空间物体登记国对其在太空的物体仍保持管辖权和控制权；
8. **太空物体登记原则：**凡进行太空活动的国家同意在最大可能和实际可行的范围内将活动的状况、地点及结果通知联合国秘书长；
9. **保护空间环境原则：**太空活动应避免使太空遭受有害的污染，防止地外物质的引入使地球环境发生不利的变化；
10. **国际合作原则：**各国从事太空活动应进行合作互助。

面对天外来者如何应对?

另一条高瞻远瞩的条约，是有关人类一旦收到外星文明的信息或甚至与外星文明进行实质接触，我们应该怎样回应的条约。

严格来说，有关的条文仍未在联合国大会通过，所以不能称为条约，而只能称为“建议的步骤和守则”(protocol)。其实早于1960年，美国国家航空航天局(NASA)在一份研究报告中，便已指出必须尽快建立一套有关的守则。到了上世纪80年代，积极参与“外太空智慧生命探索计划”(Search for Extra-terrestrial Intelligence，简称SETI)的科学家约翰·比林厄姆(John Billingham)首次草拟了一份正式的文本。过去数十年来，不少学者，包括心理学家、社会学家、法律学家、国际关系学家等皆对文本提出了修订和补充，并把有关的行为准则称为《侦测后行为守则》(*Post-Detection Protocol*，简称PDP)。

到目前为止，这份由国际太空航行学院(International Academy of Astronautics)所确认和公布的守则 [又称为《原则声明》(*Declaration of Principles*)] 已经被各国多个专业太空组织所接纳。原则上，有关的守则也应成为上述的《外太空条约》的一部分，只是这个议题牵涉到重大的国家利益，也有人觉得带有过分臆想性，所以至今未在联合国大会获得通过。

然而，如果我们明天便从无线电探测器收到外星人的“天外来鸿”，或是明天便有一个由外星人驾驶的飞碟在天安门广场降落，我们应该怎样应对? 各国的政府应该怎样协调? 我们又应该如何处理可能在普罗大众中出现的种种反应? 这些都是庞大而复杂的问题。

在笔者看来，我们对此应该早作准备，以免到时出现混乱、猜疑、恐慌，甚至社会和国际秩序崩溃等可怕后果。科幻电影如《超时空接触》(*Contact*，1997)和《降临》(*Arrival*，2016)等，皆对可能出现的情况作出了不同角度的描写，但真实的情况可能比想象中更复杂、更糟糕。

这种事情可能数千年内也不会发生，也可能明天便发生。但无论如何，人类的命运，很可能在于我们对此能否作出恰当的反应。

地球人，你准备好了吗?

消失的繁星
——《地心引力》中的科学知识

大家有看过一部精彩的电影《地心引力》（*Gravity*）吗？电影中所展示的壮丽太空景象，以及人类在逆境中的坚毅求生意志，都令观众拍案叫绝。但热爱科学的你在欣赏之余，有没有想过电影中所描述的太空情境，有多少合乎科学？又有多少是与事实不符的呢？

首先，由于参考了大量人类在太空拍摄的景象，电影中的太空景象是极其逼真的，例如地球处于白昼和黑夜的表面，太空中的“日出”“日落”等。

但作为一个“天文发烧友”，对其中展示的星空仍有不满之处。以我数十年的观星经验，知道即使有大气层的阻隔，在天朗气清的情况下，星空的璀璨是如何摄人心魄，那么在没有大气层阻碍的太空，我们的所见不是应该更为震撼吗？为什么在电影中的星空，好像比在地球表面看的还要逊色？

摄影机录像与肉眼景象

这儿其实牵涉到一个微妙的区别，那便是我们是假设电影中所见的情景是通过肉眼亲身所见，还是通过摄影机的镜头所见呢？

两者之所以有区别，是因为即使今天的摄影技术如何发达，跟人眼（严格来说是人的“眼、脑系统”）相比起来，对光暗强弱对比的处理还是技逊一筹。简单来说，在强光的影响下，摄影机要适应强光，便会令较暗的事物漆黑一片（摄影术语中的所谓“正片”)；如果要令较暗的事物看得清楚，则会令强光下的事物因过度曝光而变得一片白色（摄影术语中的所谓“负片”)。这正是为什么我们看人类登月或较近的“嫦娥号”无人登月探测器的录像时，月球的天空虽然没有空气，却看不到满天星斗的原因。

相反，人眼的瞳孔固然也会随着光暗变化而收缩或扩张，但总的来说，它对光暗强弱变化的处理本领要高强得多。也就是说，如果不是受到特强光源的直接影响，例如避开了太阳、地球的日照面、月球的日照面，以及任何正在反射太阳光的太空飞船或太空站部分，的确可以在太空中看到繁星满布（包括壮阔瑰丽的银河)的震撼景象。

按笔者的推断，由于电影太过依赖摄影机获得的景象，反而丧失了在太空中应该有机会看到的“超级璀璨”的星空奇景。

2008年，我与太太和女儿跟随香港天文学会前赴新疆观看日全食，在日食的前一晚在野外的营地观星。在天朗气清也无月色影响的环境下，璀璨的星空令人屏气凝神惊叹不已。女儿在天文学会的资深会友指导下，更用脚架拍了她的第一辑天文照片，其中一张银河剪影漂亮之至，后来被我收录到《浩哉新宇宙》这本书中。我在书中这样写道：“如果大家已经觉得很美，我可以告诉大家，实地肉眼所见的情景，壮丽何止十倍！”

失重就是摆脱了地心引力吗?

电影中所展示的失重和真空状态是逼真的，但香港所改的中文电影名称（将《地心引力》改成《引力边缘》)则有误导之嫌。

大家可能都会同意，在影片最后一幕，女主角重新“脚踏实地”的那个镜头，除了令人激动不已之外，也令我们深深感到，我们一直想摆脱的“地心引力”原来是这么可爱!

但问题是，电影情节百分之九十九在失重的太空中发生，是否表示太空飞船或空间站所处的空间是在“引力边缘”呢?事实当然不是。如果那儿已是“引力边缘”，那么距离远得多的月球又为何会乖乖地不停环绕着地球运行呢?显然，即使月球位于这么远的位置，它仍是在地球引力场的牢牢掌握之中。

一个我们必须拥有的基本科学常识是——宇航员之所以处于失重状态，绝不表示他们已经摆脱了地心引力的影响，而是因为他们处于“自由落体”(free fall)运动之中。

理论上，太空飞船或太空站每一刻都在坠向地球，只不过它们的运行速度 (orbital speed)令它们在近地轨道上做绕地运动，运动产生的离心力刚好与地心引力抵消，从而不会坠落。

有了这个认识，我们便明白《引力边缘》这个中文译名是何等误导。相反，内地中文译名《地心引力》则言简意赅而又不与科学相抵触。

通向宇宙的跳板
——潜能无限的空间站

所谓“空间站”，是指在太空中环绕着地球运行的、可供人类作较长时间逗留的一个起居室。我们当然可以有环绕着别的天体（如月球或火星）运行的空间站，但就目前（21 世纪初）为止，兴建一个永久性的“地球空间站”，已经是对人类科技能力的一项巨大挑战。

和平开发与军事部署

我们为什么要兴建空间站呢？简单地说，大致可以分为“和平开发”和“军事部署（甚至占领）”两大原因。不用说，我们必须极力抵制后者。事实上，把任何大杀伤力武器放置于太空甚至月球之上，都会违反 1967 年由联合国所订立的《外太空条约》（*Outer Space Treaty*）。

可惜的是，多个大国多年来已经把众多的军事侦察卫星（reconnaissance satellite）放置于太空，其中一些更是可以移近敌方的卫星并予以摧毁的“杀手卫星”（killer satellite）。无论我们同意与否，某一程度的“太空军事化”已经静悄悄地进行了数十年之久。

我们最想见到的，当然是为“和平开发”而兴建的空间站。迄今为止，俄罗斯、美国、中国如今正努力兴建的空间站，都强调是为了和平开发而建设的。笔者衷心希望这不止是口号，而是永远不会改变的事实。

那么所谓和平开发，究竟包括了什么具体内容呢？扼要而言，这包括了科学研究、工业生产以及拓展人类活动空间，甚至作为人类通向无尽宇宙的“跳板”这几大方面。

先说科学研究。在轨道运行的空间站长期处于“无重状态”（weightlessness），而在站外则有即使是地球上最先进的实验室也难以复制的“高度真空”（high vacuum）和无尘的环境，而且也很容易便可以获得极高温和极低温的状态——所有这些，都为各种科学研究提供了珍贵的独有条件。而对于天文学家而言，能够摆脱地球大气层的各种干扰而通过“全频段”（full electromagnetic spectrum）直接窥探宇宙，当然是梦寐以求的事。

上述这些条件，也同样为高科技工业生产带来巨大的发展潜质。其中包括了各种崭新材料的研发和生产、新品种药物和各种生物材料（如血清和干细胞）的提炼和制造、新能源的开发，以及通信科技、纳米科技（nanotechnology）和机器人科

▶国际空间站

技（robotics）等的研发。

迄今为止，规模最大且逗留太空最长久的，是由美国主导兴建的“国际空间站”（International Space Station，简称ISS）。这个站每年至少4次由地面发射太空飞船以进行物资补给和人员换班。至笔者执笔时，已先后有近230个不同国籍的宇航员和科学家到过这个空间站，而众多的科学实验已对人类的知识探求和工艺技术的提升作出了重大的贡献。

不过，就笔者而言，太空站最为激动人心之处，是在于它第三方面的功能，即成为人类探索宇宙的跳板。

从月球表面，将材料射往地球轨道

其实早于19世纪末，有“太空之父”之称的康斯坦丁·齐奥尔科夫斯基（Konstantin Tsiolkovsky），便已在他的著作中提出了建立环绕地球的太空居所，以作为太空探险的“中途站”这个伟大构想。经典科幻电影《2001太空漫游》开场时那个壮观的“双环形”巨型空间站，正是基于他的构思及往后一些科学家的类似构思所设计出来的。

当然，如果建设巨型空间站的材料以及人们所需的空气、水和食物全部由地球表面运送上去，则未成为“跳板”之前，空间站将会造成极大的物质和能源的虚耗，以及地球环境的破坏。

有“太空先知”之称的著名科幻作家克拉克（Arthur C. Clarke）早于上世纪60年代便指出，最合理的做法，是先在月球建立基地，然后通过“电磁弹射炮”（electromagnetic rail gun），把大量的建筑材料从月球表面射往地球轨道。这是一个十分精彩的想法。至于是否终有实现的一天，让我们拭目以待。

奇妙的“引力加速”

——太空航行中的“免费午餐”

大家看了科幻电影《火星救援》（*The Martian*）了吗？这部电影除了好看之外，它最引起人们谈论的，不用说就是其中相关科学的内容了。当中内容之丰富，本文当然无法完全涵盖，笔者打算在这儿介绍的，是太空船“赫耳墨斯号”（Hermes）怎样能够在返回地球的航程期间，掉头折返火星拯救男主角的“天体力学”（celestial mechanics）原理。

首先我们要了解的是，在没有地面摩擦也没有空气阻力的太空之中，任何物体只要有了一个“初始速度”（initial velocity），它便会按照牛顿“第一运动定律”的描述，在太空中以匀速作直线运动，直至它受外力影响为止。也就是说，它虽然在不停地运动，却不需要任何燃料喷射的推进。

◀首段发射：摆脱地球的引力束缚；
尾段发射：和火星的运动速度匹配。

第一宇宙速度与第二宇宙速度

当然，在太阳系内，物体在任何时间都被太阳和各大行星的引力场所影响。身处地球上的我们，要进入太空的话，首先便要克服地球引力场的束缚。这便是太空飞船进入地球轨道所需的“轨道速度”、进入“行星际空间”（interplanetary space）的“第一宇宙速度”和离开太阳系进入“恒星际空间”（interstellar space）的“第二宇宙速度”。

要到火星进行探险，我们只需达到上述的“第一宇宙速度”，而办法是让太空飞船进入一个椭圆形的轨道——这个轨道的一端与地球上的轨道相接，而另一端则与火星的轨道相接。在去程期间，太空飞船只是沿着这个椭圆形轨道的一半运动，而火箭只需在一首一尾的阶段发射，而中段绝大部分时间是不需燃料推进的“自由落体”（free fall）运动。（首段的发射是为了摆脱地球的引力束缚，而尾段的发射是为了和火星的运动速度匹配。）

至于回程，几乎是去程的“镜像”——太空飞船沿着椭圆形轨道的另一半运动，而火箭也是只需在首、尾阶段发射，期间绝大部分时间太空飞船也是以自由落体的形式从火星返回地球。

有了上述的认识，我们便可明白电影中的“赫耳墨斯号”是如何进行拯救的。它原本已在回程，但它启动了辅助火箭将航道偏折，令它抵达地球时不会进入“停泊轨道”（parking orbit），而是会以高速绕过地球，然后再向火星进发。从中它更可借助地球的引力场，提升它的运动速度。这在天体力学和太空航行的术语中被称为“引力加速”（gravity assist）。（理论上，地球的自转会因此而慢了下来，但具体的影响将会微乎其微，甚至可以忽略不计。对于太空飞船来说，这种引力加速可说是太空航行中的一趟“免费午餐”。）

好了，当太空飞船一旦进入返回火星的轨道，也是不需再消耗任何燃料便可跨越巨大的距离。但当它接近火星时，便需要发射火箭进行轨道校正，以跟男主角乘坐的“接驳船”会合（这艘接驳船是为了四年后的下一次火星任务而事先被放到火星上的）。这是整个过程中难度最高的环节，自然也是电影中最令人手心冒汗的高潮。

电影中的“赫耳墨斯号”不但发射了“调节火箭”（术语称 attitude jet），还进行了部分船身爆破的极端手段，才能进入适当的轨道；而男主角也采取了不少破格的极端策略，才可和拯救他的“赫耳墨斯号”会合，其中的细节就不在此细述了，关键的概念在于——双方无论在距离还是运动速度方面，都必须高度配合，拯救才可实现。

再补充一个基本科学概念——电影中提到来回火星的航程需时数百日，难道我们不可以提升太空飞船的速度，从而将所需的时间大大缩短吗？理论上我们当然可以这样做，但这表示我们将放弃“自由落体”下的无动力推进轨道，而采取几乎全程都由火箭强力推进的形式。太空飞船必须携带的燃料，将会因此大上千倍甚至万倍，所以是完全不切实际的。

反物质之谜

——水火不容的“正粒子”和“反粒子”

大家有听过“反物质”这个名词吗？表面听来这是挺奇怪的一件事——我们的世界不是由物质组成的吗？而物质的“反面”不应是一无所有的空间吗？为什么会有一种东西叫“反物质”呢？

故事必须从19世纪的“原子论”（Atomic Theory）说起。当时的英国科学家道尔顿（John Dalton）为了解释化学反应中的质量比例，大胆假设了各种“元素”（element），如金、银、铜、氧、氮、碳等，乃由一些微小得无法再被分割的单元所组成，这些单元称为“原子”（atom）。往后百多年，人们对“原子”的了解大大加深，并且知道它们实由更基本的单元如“质子”（proton）、“中子”（neutron）和“电子”（electron）等所组成。

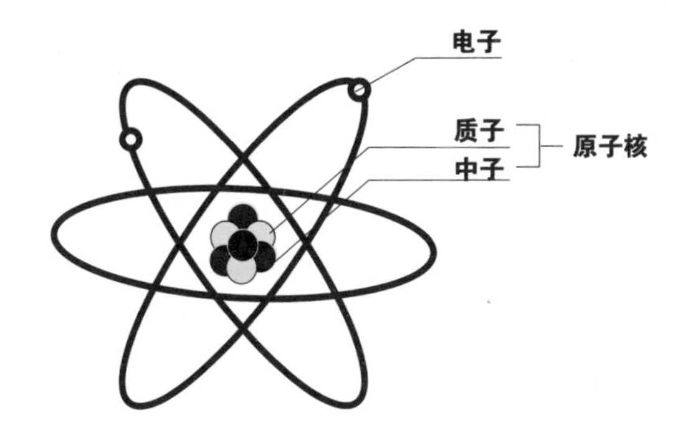

*注：这只是示意图，真实的原子无法被简单地描绘。

道尔顿认为“原子”不可分割固然错误，但以当时的科学水平而言却也十分正确，因为“原子”的确不能以一般我们在实验室里所采用的化学方法分解（这些方法只能影响“原子”最外围的“电子”），而必须以“粒子”加速器等庞大的机器才可以拆开。

拥有“负能量”的粒子

随着“原子物理学”（如今多称为“核子物理学”）的进步，科学家不但找到了“质子”“中子”“电子”，还陆续找到了“中微子”（neutrino）和“介子”（meson）等他们统称为“基本粒子”（fundamental particle）的东西。

要描述这些“基本粒子”的行为，物理学家薛定谔（Erwin Schrodinger）在 20 世纪初建立起一条独特的“波动方程”（wave equation）。当另一位物理学家狄拉克（Paul Dirac）于 1928 年将由爱因斯坦建立的“相对论”应用到这条方程时，他惊讶地发现，方程中的一个解，显示出相对于每一种“基本粒子”都应该有一颗“反粒子”（anti–particle）。（严格来说，最初的发现显示宇宙间应该存在着拥有“负能量”的“粒子”。）

最初，这个理论演绎令人匪夷所思，但只是四年后（1932 年），科学家安德森（Carl Anderson）便在实验期间发现了所有性质都和“电子”一样，只是电荷刚好相反的“正电子”（positive electron，缩写为 positron；中文又称“阳电子”）。自此之后，科学家陆续发现了“反质子”（anti–proton；带有“负电荷”）和“反中子”（anti–neutron；一般的“中子”会衰变为“质子”“电子”“中微子”，而“反中子”则会衰变为“反质子”“反电子”“中微子”）。

20 世纪下半叶，科学家兴奋地发现，“质子”“中子”“介子”等实由更基本的“夸克”（quark）所组成，而这些“夸克”（共有六种）皆有其“反夸克”（anti–quark）。

理论上，“反质子”“反中子”“反电子”可以组合成各种“反元素”（反碳、反氧），从而组成各种各样的“反物质”。事实上，科学家便曾于实验室中制造出由一颗“反电子”和一颗“反质子”组成的“反氢”（anti-hydrogen），只是这种物质有如昙花一现，转眼（亿兆分之一秒内）便会消失。

为什么？原来所有“粒子”和它们的“反粒子”都有如冤家路窄的死对头，只要相遇便会把对方毁灭，结果是两者都会化作一缕青烟而四逸。

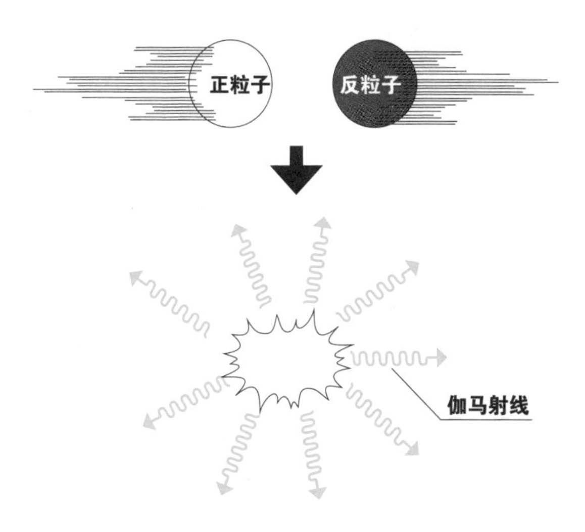

▲ **“正粒子”和“反粒子”相撞，化成“伽马射线”，两者一同消失。**

宇宙原来是杂质
——我们都是湮灭作用下的余生者

我们在上一篇文章看过，这个世界不单存在着物质，也存在着一种叫“反物质”（anti-matter）的东西。

在最微观的层面，我们有“反夸克”（anti-quark）和“反电子”（positron），以及由“反夸克”组成的“反质子”（anti-proton）、“反中子”（anti-neutron）、“反介子”（anti-meson）等“反粒子”（anti-particle）。理论上，我们可以有由这些“反粒子”组成的“反氢”“反氦”“反碳”“反氧”“反金”等“反元素”。我说理论上，是因为我们从未在自然界中找到这些东西。

我们之所以没有找到这些反物质是有其道理的。原来科学家的研究告诉我们，任何反粒子和它的正粒子相遇的话，将会出现“同归于尽”的毁灭性反应，而两者皆会化作“纯能量”（高能“伽马射线”）而消散。这种反应科学家称为“湮灭作用”（annihilation）。

正、反粒子，无中生有

那么科学家是怎样研究这些反粒子的呢？原来在粒子物理学的世界里，一些粒子在大型的“粒子加速器”（particle accelerator）中彼此猛烈碰撞时，可以产生出不同的反粒子，只是这些反粒子很快（往往在亿兆分之一秒内）便会跟它的正粒子相遇而相互湮灭了。

科学家也发现，在非常高能量的状态下，一颗光子在接近原子核的范围内可以转化为一对正、反粒子（如一颗电子和它的反粒子），之后两者各奔东西。往后的理论研究更显示，一些“正、反粒子对”可以无中生有地从真空中出现，只是它们很快便会相互湮灭。这种现象科学家称为“粒子对产生”或“偶产生”（pair production）。

现在问题来了，按照科学家的研究，物质和反物质就好像中国的“阴”与“阳”一样，必然是“有我便有你、有你便有我”的成双成对地出现，但我们现时身处的宇宙，却只探测到其中的一种，那么另外的一半跑到哪儿去了呢？

可能大家都听过“宇宙大爆炸理论”（Big Bang Theory），并知道宇宙是从远古时（约一百三十八亿年前）的一场大爆炸中诞生的。按照这个理论，在宇宙诞生的一刻，必然存在着等量的物质和反物质，那为什么我们今天在宇宙中却找不到反物质的存在呢？

一个最简单的解释，是所谓“等量”原来并不完全相等，而是可能有极微小的偏差（可能只是兆兆兆兆兆……分之一）出现。结果是，在宇宙诞生之初，百分之99.9999999999999999……的物质与反物质都因为湮灭作用而相互毁灭（即化为辐射），而剩下来那0.000000……0000001的偏差，便演化成为我们今天所见的宇宙！

这实在是一个太震撼的结论了！原来（如果理论正确）我们这个浩瀚得惊人的宇宙，只是宇宙诞生时的那一丁点儿杂质！或者可以这么说，如果没有了这丁点杂质，便不会有人类在今天为这个问题而困惑了……

浩瀚宇宙 = 0.000000……0000001 的杂质

匪夷所思的时空膨胀
——从汽笛声到宇宙的归宿

大家都曾有过以下的经验吧——站在马路上时，遇到一辆救护车或消防车鸣着警笛，在旁边高速驶过。

好了，如果真的有遇过这情况，那么笔者又想问问大家——你觉得自己所听到的警笛声，在车辆经过我们身边之前和之后，有什么不同呢？

稍有留意身边事物的人都会知道，声音是有明显不同的。在车辆大致朝着我们驶来之前，警笛的声调（pitch）会较高（较为高音）；而在远离我们时，声调则会较低（声音较沉）。

多普勒效应

以上是大多数人都会不以为意的“常识”，但我们有没有想过，警笛的声音其实一直没有改变，而对于坐在救护车或消防车上的人来说，警笛的声调事实上一直都十分平稳而不会时高时低。结论是什么？结论是——站在路旁的我们之所以听到声调的变化，是因为我们和警笛之间有一种“相对运动”（relative motion），由此而令人听到不同的音调。

我们知道声音乃由空气的振动所引起，而振动的“频率”（frequency）愈高（例如每秒超过一万次），音调便愈高；相反，振动的频率愈低（例如每秒少于一百次），音调便愈低。（人耳的听感范围大致在每秒二十次到每秒二万次之间。）上述现象

背后的原理是，假设一个发声的物体正朝着我们高速运动，每一个声波到达我们的时间间隔会较它静止不动时缩短了，令我们所接收到的声波频率上升，亦即音调较高；相反，如果发声的物体正远离我们，则每一个声波到达我们的时间间隔会较它静止时拉长了，于是我们接收到的声波频率下降，亦即音调较沉。由于最先对这个现象作出正确分析的是 19 世纪奥地利科学家多普勒（Christian Doppler），所以这个现象被称为“多普勒效应”（Doppler Effect）。

宇宙光谱的“红移”现象

令人意想不到的是，这个浅显的原理不但能够解释日常生活的现象，更大大加深了人类对宇宙的了解。

在《横空而立》一文中，我们看过牛顿如何用棱镜将太阳的光线分解为七色的“光谱”（spectrum），从而解释了彩虹的成因。但他更大的贡献，其实是开启了“恒星光谱学”（stellar spectroscopy）的研究，从而揭开了遥远天体的神秘面纱。

20 世纪初，天文学家在研究银河系以外的众多星系（galaxy）之时，发觉它们的光谱（spectrum）都呈现出向红光方向偏移的情况。要知道在光谱的“红、橙、黄、绿、青、蓝、紫”七色当中，以紫色的频率最高而红色的频率最低，基于“多普勒效应”原理，这个“星系光谱红移”（galactic red-shift）的现象表示了所有这些星系都正在远离我们。

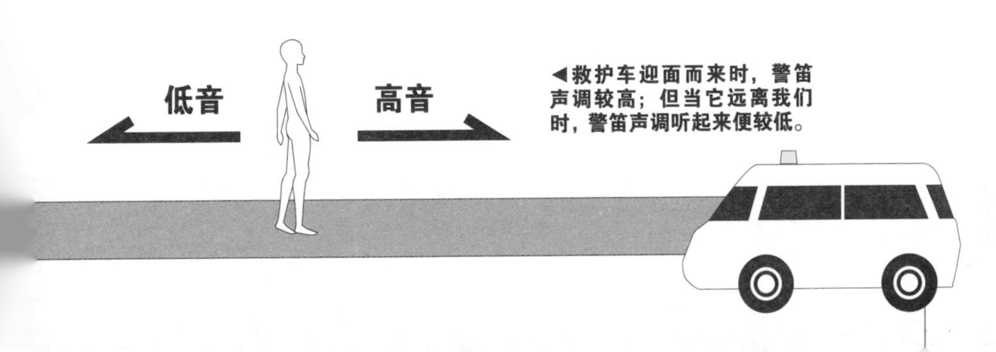

◀救护车迎面而来时，警笛声调较高；但当它远离我们时，警笛声调听起来便较低。

为什么会这样呢？难道我们的银河系正处于宇宙的中央？科学家很快便得出结论——我们当然不是处于宇宙的中央，而是由于整个时空（space-time）正在膨胀，由此带来了这个观测结果，而令人惊叹和折服的是，爱因斯坦在1916年发表的"广义相对论"（Theory of General Relativity），原来早已经预测了有这样的可能性。就是这样，人类发现了"宇宙膨胀"（Expansion of the Universe）这个惊人的事实。

曾经有过一段时期，科学家以为宇宙的膨胀必然会愈来愈慢，甚至在"万有引力"的作用下停止（在亿亿亿……万年以后），然后宇宙会进入收缩阶段。但上世纪末，科学家惊讶地发现，膨胀的速度不但没有减慢，而且是愈来愈快！

为什么会这样呢？按照科学家的推断，这是因为宇宙有一种"暗能量"（dark energy）在起着推动作用。但这种"暗能量"究竟是怎么一回事，我们至今仍是一无所知。

太空中的特洛伊群雄
——奇妙的“拉格朗日点”

2011年7月，天文学家发现了一颗“小行星”（asteroid），将之命名为“2010TK7”。这颗小行星的独特之处，是它并非像大部分小行星般处于火星和木星的轨道之间，而是处于地球的“拉格朗日点”（Lagrangian Point）。事实上，它也是迄今为止，人类发现的唯一处于这个位置的小行星。

什么是“拉格朗日点”呢？要明白这个有趣的天文概念，必须回到18世纪时由牛顿所建立的“万有引力理论”（Theory of Universal Gravitation）。按照这个理论，所有物体都会通过“万有引力”（gravity）相互吸引，而吸引力的大小，则视物体所具有的“质量”（mass）的多寡，以及物体之间的相互距离而定。

三体问题

天文学家很快便把这个理论应用于天体运行的研究，并且取得丰硕的成果。然而，他们亦很快发现，万有引力的方程式只可以用于两个天体的相互作用，一旦天体的数目达到三个或以上，方程式便无法被确切地算解，这便是物理学中著名的“三体问题”（Three-Body Problem）。

这当然令人十分沮丧，但坏消息中也有好消息。一些数学家发现，如果我们假设第三个天体的质量相比起其余两个天体来说十分之低，亦即我们只需考虑两个主要天体对这个“轻如无物”的第三者的影响，则我们可以对方程式进行求解，从而得出这个“第三者”的运动轨迹。就是这样，人们发现了相对于这两个天体来说近乎固定不动的五个“拉格朗日点”。

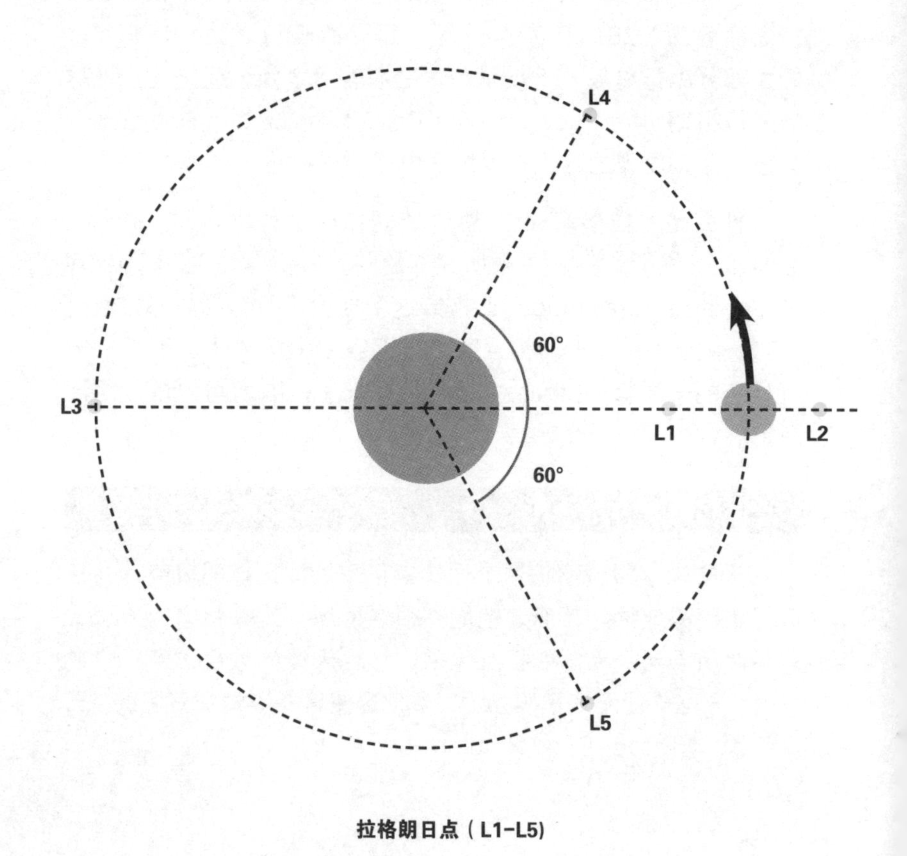

拉格朗日点（L1–L5）

对，“拉格朗日点”共有五个，它们的代号是 L1、L2、L3、L4 和 L5。上图是它们相对于两个主要天体的位置，留意大圆和小圆两个图形可以代表任何两个天体。如果我们假设前者代表太阳而后者代表地球的话，则方才提到的“2010TK7”便是处于 L4 的位置。不用说，这个点离我们十分遥远。

事实上，由于处于这些点的物体十分稳定而不会随便飘移，科学家已经把一些太空探测仪器放到其中的一些点之上以方便操作。例如探测宇宙诞生后留存下来的微波背景辐射的“WMAP”（威尔金森微波各向异性探测器），便被放置于 L1 点；而我国发射的“嫦娥二号”探测器在探测月球之后，已被推进至 L2 的位置“停泊”下来。

假如我们把大圆形继续代表太阳，把小圆形代表木星的话，则天文学家的最大兴趣便落在 L4 和 L5 这两点之上，这两点又被称为“特洛伊点”（Trojan Point）。

为什么会有这样的称谓呢？原来古希腊的著名史诗《伊利亚特》（*The Iliad*）描述了三千五百年前，希腊人用了十年时间围攻“特洛伊城”（City of Troy）的一场“特洛伊之战”[Trojan War，著名的《木马屠城》的故事正源于此]，而当天文学家在木星的 L4 与 L5 点皆发现了小行星群之时，他们选择了将 L4 点的小行星以希腊一方的战士来命名，而将 L5 点的小行星以特洛伊城的战士命名。而两组小行星则统称为“特洛伊小行星”（Trojan Asteroid）。

回到文首谈及的发现上。由于天文学家已将“特洛伊点”这个概念延伸至任何的 L4、L5 点（亦即不一定是木星的 L4、L5 点），因此处于地球 L4 点的“2010TK7”，便成为我们首个发现的“地球特洛伊小行星”（Earth Trojan Asteroid）。

时空的涟漪
——揭开“引力波”的面纱

除了生物体（包括人类）本身所能发挥的力量，在自然界的各种“基本力”（basic force）之中，人类最先认识的，必然是“重力”（gravity）。所谓“人望高处，水向低流”，前者指的是人的志向，而后者所指的，则是物理世界中最基本的一个现象——任何没有受到支承的物体都会掉向地面（“无孔不入”的水当然是最佳的范例），而对我们的祖先来说，不慎从高处坠下，是继猛兽袭击之外最危险的意外。

理所当然的“万有引力”

在一段很长的时间里，即使人们已经发现地球是个球状天体，而麦哲伦的船队已环球航行一周（1519—1522 年），这种“地心引力”仍被视为理所当然，所以亦无须作出解释。重要的突破来自牛顿于 1687 年出版的《自然哲学的数学原理》。在这本科学巨著中，牛顿指出任何物体都拥有“质量”（mass），并因此而互相吸引，至于吸引力的大小，乃跟物体质量的“乘积”（multiplication product）成正比，并跟物体间距离的平方成反比。他把这种吸引力称为“万有引力”（Universal Gravitation），而我们所熟悉的“地心引力”，只是这种“万有引力”所起的作用。

相信大家都听过“牛顿和苹果”这个故事（按历史应发生于 1666 年）。先不考究这个故事有多真实，但牛顿确实天才地将“苹果熟了为什么会下坠（而不是横飞或直飞上天）？”以及“月球为何周而复始地环绕地球（而不是一去不返地飞出太空)?"这两个看似风马牛不相及的问题联系起来，并指出这两个现象皆有着同一个解释——"万有引力"的作用。

自牛顿的发现以来，人类还陆续发现了另外三种"宇宙基本力"——"电磁相互作用力"(electromagnetic interaction force)、"强相互作用力"(strong interaction force)和"弱相互作用力"(weak interaction force)。第一种是我们所熟悉的，而其作用也跟"万有引力"一样无远弗届(文首提到的"生物体力"，即肌肉力的源头，就是"电磁作用力")。至于后两种，只是在超微观的尺度("原子"甚至"原子核"的内部)才起作用。所谓"核能"，就是把这两种力从"原子"的内部释放出来(一般炸药的威力都只是来自"电磁作用力")。

引力是质量把空间扭曲

让我们回到"万有引力"之上。从牛顿看来，这种力是一种无法再被拆解(因此也带有点神秘色彩)的"超距作用"(action-at-a-distance)。20世纪初，爱因斯坦的"相对论"不单彻底地颠覆了人类有关时间和空间的观念，还指出了所谓"万有引力"其实只是带有"质量"的物体，导致周围的"四维时空连续体"(4-dimensional spacetime continuum)(即时间与空间共同组成的四维时空结构)出现了弯曲的结果。

由于"电磁作用"也可看成一个"电磁场"(electromagnetic field)的作用，而电磁场的激烈振荡会产生"电磁波"(electromagnetic wave，包括无线电波、微波、红外线、可见光、紫外线、X光、伽马射线等)，很快地，一些科学家即提出——物体的激烈运动(如两个黑洞的碰撞)是否也会激起"时空涟漪"，从而产生出一些我们可以侦测到的"引力波"(gravitational wave)呢?

但由于侦测这些“引力波”的技术难度非常之高，即使无数科学家在过去大半个世纪作出巨大的努力，还是没有成功——直至 2016 年 2 月，美国激光干涉引力波天文台（Laser Interferometer Gravitational-Wave Observatory，简称 LIGO）的探测系统，发现了两个黑洞合并时释出的引力波，这令科学界兴奋雀跃不已！

还有一个好消息告诉大家，就是同年 6 月，香港中文大学的物理系正式签署成为 LIGO 的全球监测系统的其中一员。也就是说，在这门方兴未艾的“引力波天文学”（gravitational astronomy）之中，中国人将会成为参与者和开拓者之一。

▼“万有引力”是带有“质量”的物体，令周围的时间与空间共同组成的四维时空结构出现弯曲的结果。

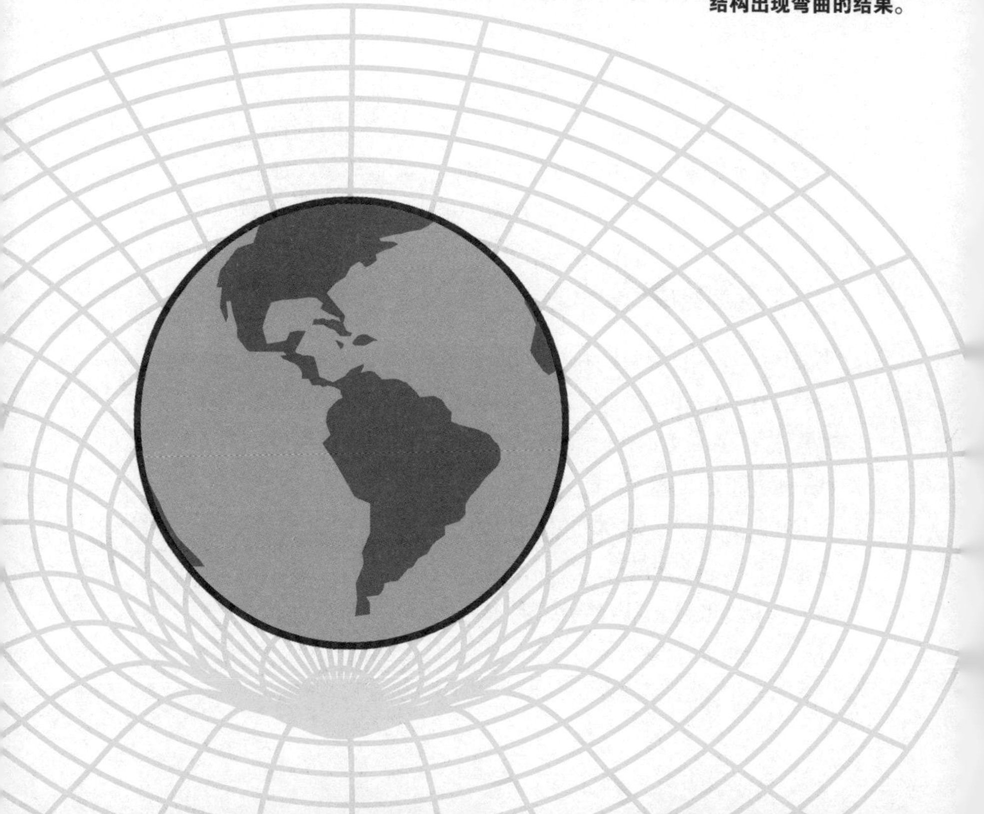

长、宽、高、X
——超乎想象的“超次元空间”

空间、时间、物质、能量，这些都是宇宙中最根本也最神秘的东西。长久以来，空间和时间被看成一切事物存在和变化的“舞台”。事实上，中国古代对“宇宙”的理解正是——“四方上下谓之宇，古往今来谓之宙”。

三维空间：x、y、z 三轴

留意所谓“四方上下”即包含了“南、北”“东、西”“上、下”这三个“维度”(dimension，又称为“向度”“度”“维”“因次”“次元”等)，也就是我们常说的“三维空间”(three dimensional space)。在数学的“坐标系”(co-ordinate system)之中，我们一般以 x、y、z 三条轴(axis)来表示。这种标示我们称为“直角坐标系”(Cartesian coordinate system)。

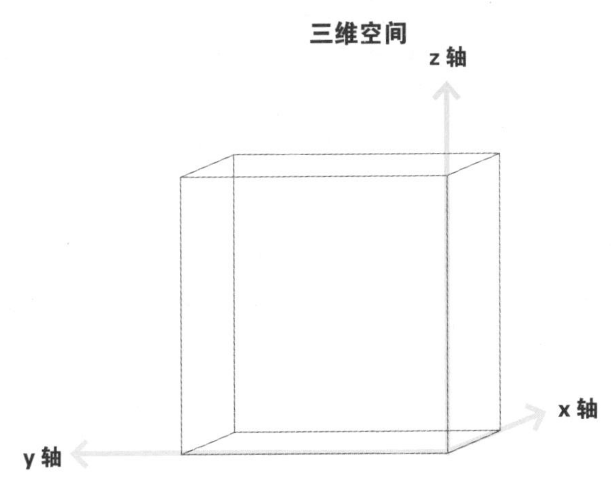

在“三维空间”之中，任何事物都有它的“长、宽、高”。另一方面，如果我们要清楚标示一个物体（例如一架飞机的位置），则至少要提供三个数据，就是——

（1）它正处于哪个方向？

（2）它的仰角有多高？

（3）它离我们有多远？

以上我们是用了较符合日常应用的“极坐标系”（polar coordinate system），但只要我们将选定的原点化为“直角坐标系”中的“原点”，这三个数据可被转变成在 x、y、z 这三条轴上的位置。

第四维：时间

当然，要令这个位置具有实际的意义，我们其实还要提供第四个数据，那便是飞机在什么时候处于那个位置。爱因斯坦的“相对论”进一步告诉我们——“时间”和“空间”其实是密不可分的。正因如此，人们往往把“时间”看成“第四个维度”，并把“时、空”的结合称为“四维时空连续体”（four-dimensional spacetime continuum）。

一个有趣的问题是——除了“时间”外，“空间”本身是否还可能有“第四维”甚至“第五”“第六”或更高的维度呢？或者说，“超次元空间”（hyper-dimensional space）真的存在吗？

表面看来，“超次元空间”是不可思议的。三维空间的三条坐标轴 x、y、z 是彼此互相垂直的（mutually perpendicular）。如果真的有第四维空间，我们便应该可以定出第四条轴，而这条轴应该同时与 x、y、z 相互垂直。对于身处三维空间的我们，这显然是难以想象的。

但我们想象不到并不表示数学家演算不到。事实上，数学家经常都借助“超次元空间”的概念以帮助他们进行研究。而物理学家于上世纪末所建立的“弦理论”（Superstring Theory）则显示，在一个比原子还要小很多很多的超微观尺度，“空间”的结构可能是“十维”甚至“十一维”的！只不过在宇宙诞生不久，这些“超次元”的空间被“蜷缩”和“隐藏”起来了。

第四维空间的“超球体”

“十维空间”实在太过虚无飘渺、匪夷所思了。让我们谦卑一点，只是尝试理解一下“第四维空间”是怎么回事吧。

正如三维空间中有“球体”，四维空间中也有一种相对应的“超球体”（hyper-sphere）。生活在三维空间的我们，原则上无法想象“超球体”的形状是怎样的。但我们可以借助各种比喻来帮助我们了解“超球体”是怎样的一回事。

一条线的切面（cross-section）是一个点，一个圆形的切面是一条线，一个球体的切面是一个圆形，这是大家都能理解的。按此推论，大家可以猜猜如果我们对一个“超球体”进行切割，那么它的切面会是什么呢？对，就是一个球体！（我不是说过不可思议吗？）

上述的例子显示，切割会令物体的维度减一，其实投影也有同样的效果——一条线的投影（当然指沿着这条线的维度）是一个点，一个圆形的投影是一条线（当然指沿着圆形的平面而言），而一个球体的投影则是一个圆形。聪明的你当然已经猜到了：一个“超球体”的投影（亦即它的影子）便是一个球体！

更好玩的东西还在后头呢！现在假设我们将一个三维空间的球体“穿过”一个两维空间的平面世界（这当然是一个虚拟的世界，因为它必须是没有任何厚度的）。当球体刚好接触平面世界时，这个世界的居民（二维空间人）会看见一个点突然在他们的世界中出现。而当球体进行“穿越”期间，这个点会扩大成为一个圆形，这个圆形会不断扩大。而当球体穿越了一半时，这个圆形会达到最大的直径。之后圆形会逐渐缩小，到最后只剩下一点，然后消失得无影无踪。

同样地，现在假设我们将一个四维空间的“超球体”穿过一个三维空间的世界（亦即我们身处的世界）。当“超球体”刚好接触我们的世界时，我们会看见一个点突然在半空中出现。而当“超球体”进行“穿越”期间，这个点会扩大成为一个球形，而这个球会不断扩大。当“超球体”穿越了一半时，这个球体会达到最大的半径。之后球体会逐渐缩小，到最后只剩下一点，然后消失得无影无踪。

“灵异”事件，是超次元空间作怪？

“超次元空间”还有不少令人诧异的地方。例如我们处于三维空间的生物，可以轻易地从一个两维空间的密室中救走一个囚犯；同理，一个处于四维空间的生物，也可以轻易地从一个三维空间的密室中救走一个囚犯。在我们看来，这便跟哈利·波特（Harry Potter）的魔法无异。也就是说，所有以“密室谋杀案”为题的推理小说可以休矣。

此外，一个三维空间的生物可以轻易看到一个两维空间生物的内脏。同理，一个四维空间的生物也可以轻易看到我们的内脏。（著名科幻小说《三体》的第三卷中便有类似的描述。）

在科幻小说和电影中，“超次元空间”常被用作解释人类如何能够超越光速的极限（例如通过“空间的折曲”），从而令我们可能驰骋于浩瀚的星际空间。科幻电影《星际穿越》（*Interstellar*）便作出了这样的假设，而在故事的结尾，还展示了男主角身处一个“超立方”（hyper-cube）之中的奇境。

本文的主题虽然是“超次元空间”，但有趣的是，以空间的“维度”作主题的故事，最经典的却以探讨“二次元空间”的怪诞情况为题材。笔者指的，是由英国一位教师埃德温·艾伯特（Edwin A. Abbott）于1884年发表的小说《平面国》（*Flatland: A Romance of Many Dimensions*）。至于真正探讨“超次元”的科幻作品，首推罗伯特·海因莱因（Robert A. Heinlein）于1941年所写的搞笑中篇小说《他盖了一所怪房子》（*And He Built A Crooked House*），其间描述了数人被困于一个“超立方体”的古怪情况。这两篇作品都可以在网上找到，笔者强烈推荐大家找来一看。

中国科幻作家郝景芳于2012年发表了一篇名为《北京折叠》的中篇故事，则利用了“超次元空间”这项“科幻道具”来进行尖锐的社会批判。在故事里，未来的北京同时存在于三个空间。每四十八小时中，第一空间里的富豪享受头一天早上6点到第二天早上6点的二十四小时，第二空间的中产阶层享受第二天早上6点到晚上10点的十六个小时，至于第三空间的劳苦大众，则只能享受晚上10点到下个早晨6点的八个小时。每到转换时间，属于前一个空间的北京会折叠起来，下一个空间的北京则会展开。这个故事于2016年获颁西方科幻界最高的荣誉“雨果奖”（Hugo Award）。

至此大家应该明白，为什么很多深信“特异功能”或“灵异事件”（paranormal & psychic phenomena）的人，都确信有“超次元空间”的存在（他们一般称为astral plane），并以此来为各种灵异事件作出解释。

但事实是，历经科学家的努力研究，除了“弦理论”中所假设的、在超微观尺度“蜷缩”起来的“超次元”，宏观尺度的“超次元空间”迄今仍然只是一种纯粹的臆想，并没有任何足以支持的证据。

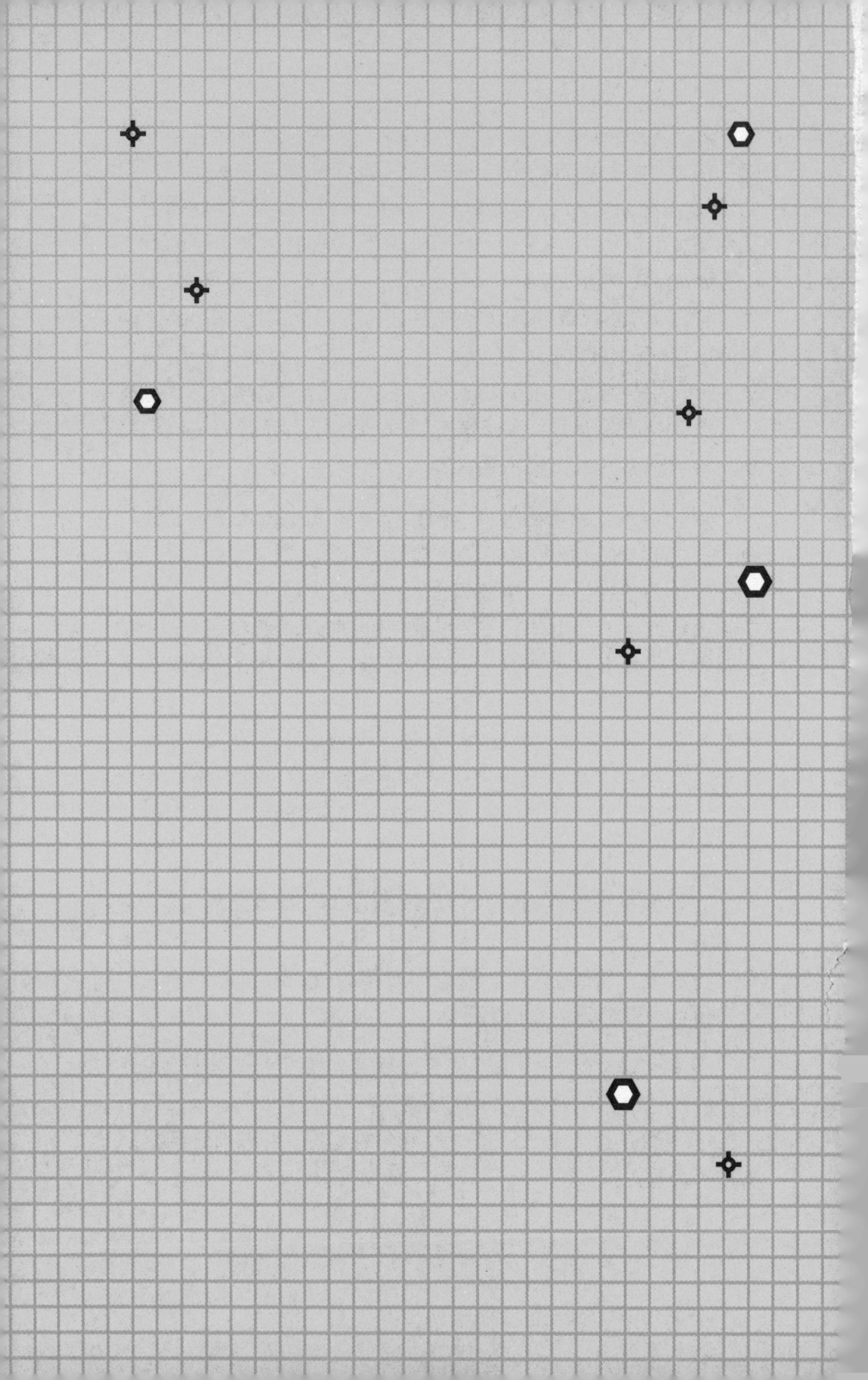